本书由江苏高校品牌专业建设工程资助项目（TAPP,项目负责人：朱锡芳，PPZY2015B129）、"十三五"江苏省重点学科项目–电气工程重点建设学科、2016年度江苏省高校重点实验室建设项目–特种电机研究与应用重点建设实验室、常州市智能感知与无人机应用技术研究重点实验室（CM20173003）、常州市新能源材料国际联合实验室（CZ20180015）、常州工学院自然科学基金项目（YN1710）、江苏省产学研合作项目（BY2018150）资助出版

INVESTIGATION ON THE INTERFACE AND SURFACE RECONSTRUCTION OF BUFFERLAYER OF HIGH *K* OXIDE ON SILICON SURFACE

硅基高*k*氧化物锶硅界面缓冲层的研究

杜文汉 著

U0351535

江苏大学出版社
JIANGSU UNIVERSITY PRESS

镇 江

图书在版编目(CIP)数据

硅基高 k 氧化物锶硅界面缓冲层的研究 / 杜文汉著
. — 镇江：江苏大学出版社，2018.12
ISBN 978-7-5684-1030-4

Ⅰ. ①硅… Ⅱ. ①杜… Ⅲ. ①固体物理学－研究
Ⅳ. ①O48

中国版本图书馆 CIP 数据核字(2018)第 287935 号

硅基高 *k* 氧化物锶硅界面缓冲层的研究
Guiji Gao *k* Yanghuawu Si-Gui Jiemian Huanchongceng De Yanjiu

著　　者／杜文汉
责任编辑／孙文婷
出版发行／江苏大学出版社
地　　址／江苏省镇江市梦溪园巷 30 号(邮编：212003)
电　　话／0511-84446464(传真)
网　　址／http：//press. ujs. edu. cn
排　　版／镇江市江东印刷有限责任公司
印　　刷／句容市排印厂
开　　本／890 mm×1 240 mm　1/32
印　　张／4.25
字　　数／158 千字
版　　次／2018 年 12 月第 1 版　2018 年 12 月第 1 次印刷
书　　号／ISBN 978-7-5684-1030-4
定　　价／35.00 元

如有印装质量问题请与本社营销部联系(电话：0511-84440882)

前　言

Sr/Si 表面体系在晶形高介电常数(k)氧化物－半导体体系的外延生长中具有重要的作用,是形成外延高 k 氧化物必不可少的缓冲界面层。基于扫描隧道显微镜(STM)这一现代表面科学研究的有力工具,本书深入研究了不同 Sr/Si 再构表面的几何及电子结构,并探讨了相关的物理机制。

研究发现,Sr/Si(100)－2×1 和 Sr/Si(111)－3×2 两种不同再构表面上的锶原子,在室温下都具有沿着由表层硅原子再构形成的沟道进行准一维运动的物理特性。在 Sr/Si(100)－2×3 再构中存在沿 2×方向重新形成的硅二聚体。另外,在 Sr/Si(100)－2×1 衬底上,通过对超薄 SrTiO$_3$ 膜进行退火处理后,观察到有明显再构特征的金属特性纳米岛,通过分析认为这些岛具有 SiTi$_2$ 的结构,从而进一步理解了硅基氧化物外延生长过程中的界面反应特性,为下一步的硅基外延生长钙钛矿型氧化物打下了物理基础。

本书的主要内容包括:

第 1 章:主要通过对前人工作的总结及相关问题的讨论引出本书探讨的目的,并给出相关样品主要的制备方法和相应的技术原理。

第 2 章:主要探讨超薄 SrO/Si(100)膜向 Sr/Si(100)再构转变的动力学过程。通过光电子能谱(XPS)的分析揭示在转化过程中存在 SrO 的晶化这一物理现象。高温动态的 STM 成像研究揭示从 SrO/Si(100)向 Sr/Si(100)的转化过程中会出现两个典型状态:首先表面会从粗糙状态向平滑的非晶状态转变,接着从非晶状态向原子级平整的 Sr/Si(100)再构表面转化。随着退火时间的不同,室温下观察到 Sr/Si(100)－2×3 和 Sr/Si(100)－2×1 两种典型再构表面。进一步退火处理,表面上的锶继续减少,形成移动的锶原子链。

第 3 章:主要探讨 Sr/Si(100) 表面的几何和电子结构,并研究该表面的初始氧化情况。在获取室温下的 Sr/Si(100) – 2×3 扫描隧道谱和 dI/dV 图像之后,结合第一性原理的理论计算结果,进一步给出 Sr/Si(100) – 2×3 表面的几何结构。在形成该再构表面的过程中,作为衬底的一部分二聚化的硅原子会发生断键重排形成新的硅二聚体,锶原子与这些硅原子会出现明显的电荷转移现象,这就解释了为何再构表层硅原子的 XPS 结果显示它处于二聚化状态,而前人的理论计算结果却与其相互矛盾的问题。在结构清楚的基础上,本书研究了该表面的初始氧化机制:通过不同氧的覆盖度的分析,总共发现 4 种典型的氧化结构。结合理论计算结果,认为在这 4 种氧化结构中,3 种属于单个氧分子的氧化结果,另外 1 种属于双氧分子的氧化结果,且双氧分子的氧化结构会使得该氧化吸附位表现出典型的金属电子结构特性。

第 4 章:主要探讨 Sr/Si(100) – 2×'1' 表面。通过高分辨 STM 图像的观察,揭示了 Sr/Si(100) – 2×'1' 表面具有典型的偏压依赖性,进一步结合理论结果给出了该表面的几何结构模型。通过室温和低温(80 K)下的 Sr/Si(100) – 2×'1' 表面的 STM 图像动态观察揭示了该表面的锶原子在室温下具有明显的迁移现象,这些迁移频繁的锶原子能够在空态高偏压和占据态下形成模糊的原子链,通过表面形貌和原子结构对比分析揭示出室温下锶的迁移主要沿着二聚化硅原子链形成的沟道方向进行,使得该表面表现出一维运动的物理特性。

第 5 章:主要揭示 Sr/Si(111) – 3×2 再构表面的几何和电子结构状态。通过退火处理 Si(111) – 7×7 衬底上沉积的 SrO 超薄膜制备出 Sr/Si(111) – 3×2 再构表面。通过对该表面 STM 形貌及电子结构的分析,确认 Sr/Si(111) – 3×2 再构表面以 HCC 结构模型构成。在典型的室温 STM 图像中,能够观察到该表面有模糊和清晰原子链交替出现的现象。通过动态 STM 成像扫描,发现有模糊的原子链出现是由于锶原子沿着双键硅原子形成的一维沟槽运动,这种运动表明该表面具有准一维运动的新奇物理特性。

第 6 章:在 Sr/Si(100) − 2 × 1 的衬底上利用 PLD 方法沉积超薄的 SrTiO₃ 膜,通过退火后获得几个纳米的多层纳米岛,该种纳米岛的电子结构表现出明显的金属性。通过采集 dI/dV 图像,发现该岛的表面在不同的能量下电子分布有显著差异。STM 图像还观察到在特定偏压下表面会出现三聚体的形貌。通过分析,确认该纳米岛是由 $C_{54} − TiSi_2$ 结构排列而成的,而不同偏压下的 STM 形貌像则分别反映了 Ti 和 Si 原子的电子态信息。

第 7 章:对本书的研究成果进行汇总,并对下一阶段锶硅表面再构可能的研究方向进行探讨,以期为进一步推动硅基晶态高介电常数氧化物的外延生长研究奠定基础。

目　录

第1章 绪 论

1.1 背景简介

1.1.1 Sr/Si 体系研究的兴起

随着半导体技术的飞速发展,作为 Si 基集成电路核心器件的场效应晶体管 MOSFET(图 1.1)的特征尺寸正以摩尔定律的速度缩小。然而当传统栅介质层 SiO_2 的厚度减小到原子尺寸时,由于量子隧穿效应的影响,SiO_2 将失去介电性能,致使器件无法正常工作。因此,必须寻找新的高介电常数材料来替代它。

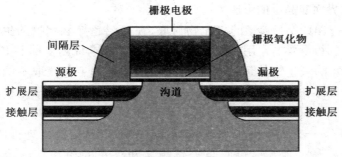

图 1.1 场效应晶体管(MOSFET)结构示意图

为了解决该问题,人们进行了各种各样的尝试。其中最主要的一个方向便是改变介质层氧化物的具体材料,用介电常数更高的氧化物来替代 SiO_2。以此来实现在等效 SiO_2 物理厚度的同时,大大降低该层氧化物材料的漏电流(主要由隧穿电流组成)。现阶段主要研究的氧化物包括 HfO_2 和 $SrTiO_3$ 等,其中 HfO_2 作为相对较容易生长的材料,已经广泛应用在最新的 CPU 器件中(高 k + 金属栅极),且最新一代的晶体管技术中栅极氧化层的厚度降低到了 7 nm。但在下一代的集成电路器件中,介电常数相对较低的 HfO_2 (非晶态时介电常数为 20,晶态时为 30)已经不符合要求,必须使用介电常数更高的氧化物,如 $SrTiO_3$ 和 $LaAlO_3$ 等[室温下 $SrTiO_3$ 体材料的介电常数在 300 左右,比 SiO_2 (3.4)高两个数量级,比 HfO_2 高一个数量级]。

由于 Si 材料本身在原子级清洁时的表面活性很强(通常第一层的 Si 原子都存在悬挂键,这些悬挂键很容易与氧元素反应生成硅氧化物,新解理的硅片在大气中短暂暴露后会形成 1 nm 左右的氧化硅层),如果将氧化物(如 $SrTiO_3$)直接与其接触,高温处理过程中氧化物的氧原子会直接与界面上的 Si 反应生成 SiO_2。这不仅大大降低了该层氧化物的介电性能,而且界面上 SiO_2 的存在使外延异质氧化物很难实现。因此,为了实现 Si 上高介电氧化物的外延生长,人们必须考虑在 Si 与氧化物之间加一亚单层厚度的缓冲材料来隔绝高温下氧化物中的氧和 Si 原子的直接接触,从而避免 SiO_2 界面非晶层的形成。

$SrTiO_3$ 作为典型的氧化物衬底,在高温超导氧化物的生长中也起到很重要的作用。如果人们能够在半导体 Si 的基础上生长出 $SrTiO_3$ 的氧化物外延膜,那么通过不同的处理工艺获取不同再构的表面结构,就可以加深对这些表面的结构几何与电子结构的研究,一方面促进人们对半导体 - 氧化物异质结物理和化学性质的理解,另一方面则实现与单晶 $SrTiO_3$ 表面的再构情况进行比较,从而加深对半导体衬底与氧化物之间存在的相互作用情况的理解。

1.1.2　硅基氧化物晶态外延生长研究近况

晶体硅为金刚石结构,其晶格常数为 3.84 Å。异质氧化物若要能较好地在晶体硅上发生外延生长,其晶格常数必须与硅相匹配以降低异质外延过程中产生的应力。$SrTiO_3$ 的晶格常数为 3.95 Å,其与 Si 的失配度为 2.86%,满足低于 5% 的条件,理论上能够在 Si 上实现异质外延生长。

SrTiO₃ 是一种典型的钙钛矿型氧化物,其晶体结构如图 1.2 所示。其中,图 1.2a 为原子配位多面体结构图,钛原子位于灰色八面体的中心;图 1.2b 为原子结构示意图,钛原子隐藏在结构模型的中心,黑色的是锶原子,白色的是氧原子。通常钛原子位于氧原子构成的八面体中心处,本质上 SrTiO₃ 单胞可以看作一层 Sr – O 与一层 O – Ti – O 间隔堆叠起来的正方体结构。

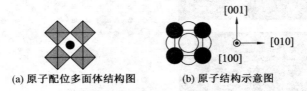

(a) 原子配位多面体结构图　　(b) 原子结构示意图

图 1.2　SrTiO₃ 晶体结构示意图

SrO 晶体的排布方式(图 1.3)通常采取氯化钠结构,即每一平面内锶原子与氧原子按照最紧邻的方式进行排列,每一层的锶原子与氧原子数目相同。

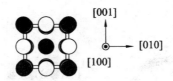

图 1.3　SrO 晶体结构

作为异质结外延生长研究中最重要的一步,Mckee 等早在 1998 年就实现了 SrTiO₃ 单晶薄膜在 Si(100)上的外延生长,他们利用分子束外延的方法通过一系列复杂的生长过程获取关键的 Sr/Si(100) – 2×1 单原子级缓冲层结构,然后在一定的氧偏压下生长出初始的 5 层关键结构:SrSi₂、单原子 SrO 层、单原子 BaₓSr₁₋ₓO 层、单原子 TiO₂ 层与单原子 SrO 层(图 1.4)。在成功生长出以上 5 层结构之后,SrTiO₃ 便可以实现正常外延生长。按照以上步骤生长的 SrTiO₃ 单晶薄膜厚度为 150 Å,其 SiO₂ 的相对等效厚度仅为 10 Å,按照现有的 7 nm 的最新晶体管技术换算,所需的 SrTiO₃ 厚度为

105 nm,在这么厚的氧化物条件下,晶体管的漏电流和其自身发热量将大大降低(图1.5)。

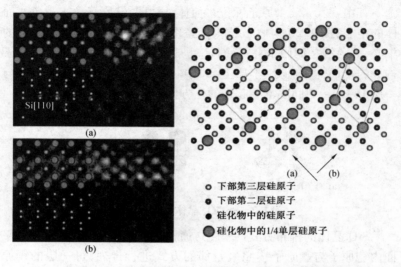

下部第三层硅原子
下部第二层硅原子
硅化物中的硅原子
硅化物中的1/4单层硅原子

图1.4　高分辨 SrTiO₃/Si(100) 质子数对比 – 截面透射电镜图像

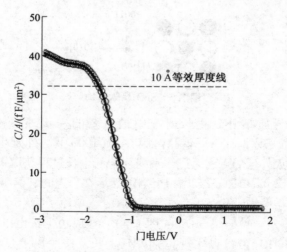

图1.5　SrTiO₃/Si 体系的电容 – 电压曲线

其后 Lettieri 等利用分子束外延的方法研究了外延生长过程中

各种相关材料如 SrO,BaO,SrTiO$_3$ 的氧化问题,对于其中的氧化的具体步骤及注意事项提出了解决方法。

2003 年,随着研究的进展,Mckee 等提出了界面相这一重要理论概念,如图 1.6 所示。图 1.6a 显示的是在体材料终结观点和界面相之间三组分相平衡的稳定联系线,A 是碱金属原子;图 1.6b 显示的是在[110]方向上观察到的界面相独立存在的证据,总共可以看到 3 层:最下层为硅原子,中间层为界面层,最上层为碱金属氧化物层。界面处单层厚度的原子的电荷发生强烈局域化现象,在硅化物中的碱金属原子和金属氧化物之间的氧原子存在金属氧化物离子键,该离子键的偶极缓冲了局域在硅上的界面态的静电极化。在传统的半导体理论体系中,界面仅仅看作体材料性质的延伸,而他们利用高分辨的光电子能谱,主要以包含 SrO/SrSi/Si 的碱金属氧化物为代表,提出在金属氧化物/半导体 Si 这种体系中,对于电荷分布来说,即使界面处的厚度仅有一个单层,也不能把它看作体材料在界面处与 Si 的重叠。基于热动力学和电动力学观点,他们把这一单层厚度的界面看作一个独立的相。界面相具有两方面作用:第一,它限定了结的物理结构;第二,它设定了建立结处静电平衡的边界条件。特别是他们提出界面相具有库伦 – 缓冲层的作用,这是界面相独有的物理现象。

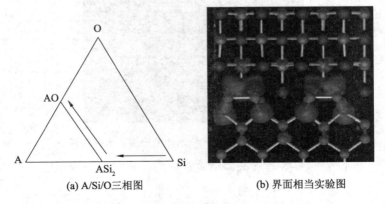

(a) A/Si/O三相图　　　　(b) 界面相当实验图

图 1.6　库伦 – 缓冲层的热动力学和电动力学概念

    根据前述 Mckee 等的截面电镜图,人们一直认为 SrTiO₃ 在 Si 上外延生长的初始阶段应该是采取二维层状的生长方式,然而 2008 年年初 Kourkoutis 等却发现在初始生长阶段,SrTiO₃ 并没有采取连续整体的方式生长,而是出现明显的相分离过程:先外延生长 3 层 SrO,后沉积 2 层 TiO₂,高温退火使其发生反应生成 SrTiO₃,按照人们以前的概念,此时应该形成 2 ~ 3 层完整的 SrTiO₃ 膜,可事实是他们注意到表面出现明显的小岛和大面积的 Sr/Si (100) – 2 × 1 再构(图 1.7 为出环形暗场扫描透射电子显微镜图,显示的是平均厚度为 2.5 个单层的 SrTiO₃/Si(100) ADF – STEM 俯视图,从图中可以明显看到 SrTiO₃ 小岛与 Sr/Si(100) – 2 × 1 共存的现象),即使他们对生长过程进行优化,也没有出现完整的 SrTiO₃ 膜。结合第一性原理的计算,他们认为在 SrTiO₃ 生长的初始阶段是不可能具有层状生长模式的,即 SrTiO₃ 在初始生长阶段是相分离的。

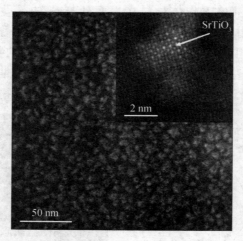

图 1.7   SrTiO₃ 外延生长初始阶段出现的相分离现象

1.1.3   Sr/Si 表面的研究近况

1.1.3.1   Sr/Si(100)表面研究结果

对 Sr/Si(100)再构表面的研究最早出现在 1990 年,Fan 等借助低能电子衍射(LEED),发现在 Si(100) – 2×1 衬底上室温沉积金属锶原子时,表面不会形成有序的结构。为了能观察到表面有序相的出现,沉积锶原子后的表面必须进行高温退火处理。通过不同的处理温度,在不同的金属覆盖度下,Fan 等先后观察到 2×3,1×2,1×5 和 1×3 四种有序结构的出现。图 1.8 给出了 Sr/Si(100)表面的分相图(Partial Phase Diagram),其中的 Sr_{SRO} 意味着锶覆盖层上可能出现的短程有序结构。依据 LEED 结果,他们提出 2×3 和 1×2 两种再构表面可能的金属覆盖度分别为 1/3 单层和 1/2 单层。

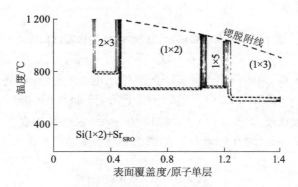

图 1.8 Sr/Si(100)表面的分相图

1996 年,Bakhitizin 等第一次报道了 Sr/Si(100)表面不同结构原子分辨率的 STM(Scanning Tunneling Microscope,扫描隧道显微镜)图像。包括 0.12 单层时出现的"之"字形原子链图像,0.3 单层和 0.45 单层时的 2×3 图像,以及 1.2 单层时的 1×3 图像。结合 STM 图像,他们初步提出了 2×3 的结构模型图(图 1.9)。在该模型中,他们认为衬底表层硅二聚体保存完好,×3 方向垂直于衬底的 ×2 方向。

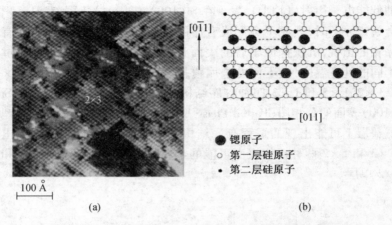

(a)　　　　　　　　　　　　　　(b)

图 1.9　Sr/Si(100) −2×3 的 STM 图像及结构模型

　　1998 年，Mckee 等借助质子数对比电镜(Z-Contrast Electron Microscopy)和 RHEED(反射高能电子衍射)的数据，提出 2×1 和 2×3 的覆盖度分别为 1/4 单层和 1/6 单层，他们认为在 2×1 表面上存在的是硅化物(Silicide)，如图 1.10 所示。

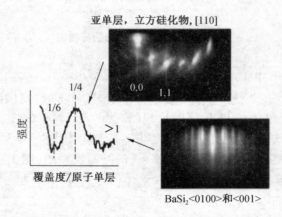

图 1.10　Sr/Si(100) −2×1 的 RHEED 结果

2001 年,Herrera 等利用光电子能谱和 LEED 进一步研究 Sr/Si(100)表面覆盖度和电子态的信息。他们认为在足够的金属沉积量和退火时间下,最终决定 Sr/Si(100)表面结构的因素是退火温度;利用一种排除体材料信息的数据处理方法,他们确认金属锶原子向倾斜硅二聚物中低位的硅上有明显的转移电荷,使得硅原子的光电结合能降低了 0.6 eV(图 1.11)。即形成 Sr/Si(100)有序结构时表层的硅依然以二聚体形态存在。

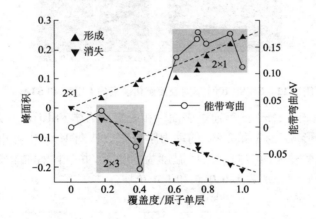

图 1.11 光电子能谱获得的硅二聚体中形成和消失组分随金属覆盖度的变化关系图

Liang 等认为低温氧化 Sr/Si(100) – 2×1 表面然后高温退火会形成硅酸盐型的氧化物,且在此基础上可以实现 SrO 的外延生长。另外,结合光电子能谱和卢瑟福背散射谱,他们认为 Sr/Si(100) – 2×3 和 Sr/Si(100) – 2×1 的金属原子覆盖度分别为 0.35 单层和 0.5 单层(图 1.12)。

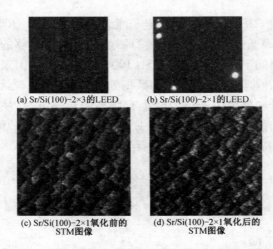

(a) Sr/Si(100)−2×3的LEED   (b) Sr/Si(100)−2×1的LEED

(c) Sr/Si(100)−2×1氧化前的   (d) Sr/Si(100)−2×1氧化后的
STM图像   STM图像

图 1.12   Sr/Si(100)不同表面氧化前后的 LEED 和 STM 图

2003 年,Mckee 等通过表面 – 相凝聚动力学和 RHEED 进一步找出了形成 2×3 和 2×1 的动力学极限。从图 1.13 中可以看出,形成这两种表面结构的最低温度为 550 ℃,并且两种结构的金属原子覆盖度分别为 1/6 单层和 1/4 单层。

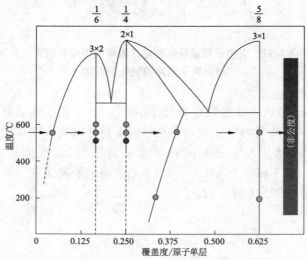

图 1.13   亚单层锶硅表面异质外延相等动力学描述

Goodner 等将 X 射线驻波（XSW）应用在 Sr/Si(100) 的研究中，确定在 Sr/Si(100) −2×3 结构中，金属原子与第二层硅原子之间的距离为 1.17 Å，并且锶原子占据的是谷桥（Valley-Bridge）位（图 1.14）。

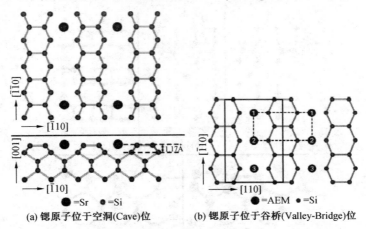

(a) 锶原子位于空洞(Cave)位   (b) 锶原子位于谷桥(Valley-Bridge)位

图 1.14　根据 XSW 结果提出的两个结构模型图

2004 年，Ashman 等利用第一性原理计算的方法，系统研究了 Sr/Si(100) 在从低到高的覆盖度下（1/6 单层、1/4 单层、1/2 单层和 2/3 单层金属覆盖度下）表面形成的稳定结构。他们发现在前两种覆盖度下表面不会形成长程有序，在后两种覆盖度下表面会存在长程有序，特别是在最后一种覆盖度下，表面的 1/3 硅原子以单原子的形态存在，如图 1.15 所示。

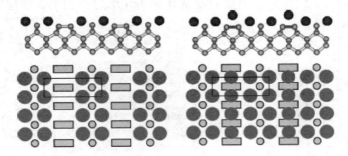

图 1.15　2/3 金属原子单层覆盖度下 Sr/Si(100) −3×1 的理论计算模型图

2008 年,Reiner 等根据实验结果又提出了 Sr/Si(100) − 2 × 3 和 Sr/Si(100) − 1 × 2 的结构模型图,如图 1.16 所示。从这两种模型中都能看出表面的 Si 原子依然以二聚体的形式存在。

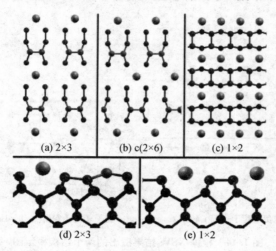

(a) 2×3　　(b) c(2×6)　　(c) 1×2

(d) 2×3　　(e) 1×2

图 1.16　Sr/Si(100) − 2 × 3 和 Sr/Si(100) − 1 × 2 的结构模型图

2015 年,D. Klement 等在《应用物理快报》上以 *Formation of a strontium buffer layer on Si(001) by pulsed − laser deposition through the Sr/Si(001)(2 × 3) surface reconstruction* 为题发表论文。他们用 RHEED 研究了脉冲激光沉积方法制备不同锶覆盖度下 Si(100) 表面上的结构变化情况,发现表面再构从(1 × 2)到(2 × 3)再到(2 × 1)转变,其间锶原子的覆盖度从 0 到 1/6 单层再到 1/2 单层转变(图 1.17)。

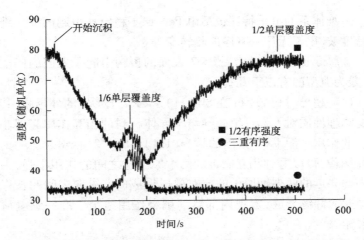

图 1.17 不同脉冲激光沉积束制备锶硅表面的 RHEED 原位图

2014 年,Kuzmin 等利用扫描隧道显微镜、低能电子衍射、同步辐射光电子能谱和第一性原理计算研究了锶和钡在硅上的有序 (2×3) 结构,该结构进一步证实了(2×3)二聚体空位模型结构,揭示了结构和电子态之间的变化关系(图 1.18)。

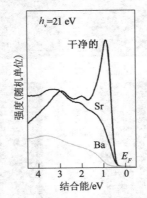

图 1.18 (2×3)再构的光电子能谱图

1.1.3.2 Sr/Si(111)表面研究背景

对 Sr/Si(111)的研究主要集中在一维/准一维体系的复杂电子特性。

一维体系的电子特性包括由 Peierls 不稳定性引起的准一维电荷密度波,以及无序 – 有序的相转变等。

金属原子在 Si(111) –7 ×7 表面的再构引起了人们的广泛关注,最为典型的有以下几类:

(1) 超导材料 Pb/In 在 Si(111) –7 ×7 上形成的外延膜,其丰富的物理性质对人们理解超导与半导体材料的相互作用起到非常积极的作用。图 1.19 给出的是 Si(111) –8 × '2' 低温表面的典型 STM 图像,可以看到相互靠近的两个原子链之间的作用很强,主要是内部靠近的两列铟原子的成对效应形成的。纵向之间的长程无序由非简并链形成,宏观内部链的耦合作用稳定了准一维电荷密度波相。

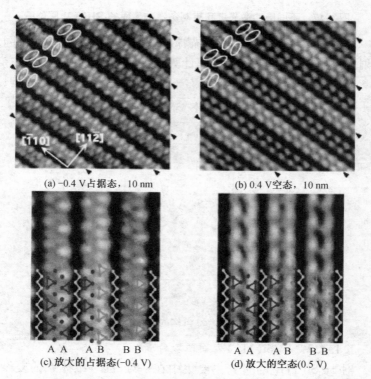

(a) –0.4 V 占据态, 10 nm　　　　　(b) 0.4 V 空态, 10 nm

A A　A B　B B　　　　　A A　A B　B B
(c) 放大的占据态(–0.4 V)　　　　(d) 放大的空态(0.5 V)

图 1.19　Si(111) –8 × '2' 表面低温(63 K) 下的 STM 形貌像

（2）以 Au 和 Ag 为代表的重金属在 Si(111) – 7 × 7 表面的沉积,通过不同的退火过程可具有非常复杂的再构表面,电子结构性质也异常丰富。图 1. 20 给出了 Au/Si(111) – 5 × 2 再构表面特性,在该表面上 Kang 等发现了一维畴壁的存在及原子尺度的位错,不寻常的成对吸附原子是出现这两种现象的原因。Au/Si(111) – 5 × 2 表面上的原子移动是沿着硅原子形成的沟槽进行的。跳动的孤子畴壁和吸附金属原子形成的局域势垒是该种表面现象的微观机制。

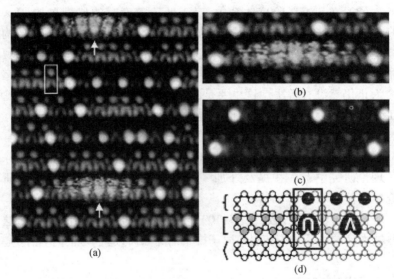

图 1. 20 室温下 Au/Si(111) – 5 × 2 再构表面出现的动态跳动一维运动现象

（3）碱金属(Na, K 等)、稀土元素金属(Sm, Eu, Yb 等)、碱土金属(Mg, Ca, Ba 等)在 Si(111) – 7 × 7 上形成了 3 × 1 再构,这类再构表面的研究一部分集中在光电子能谱,一部分集中在扫描隧道显微镜。主要研究表面硅原子如何重构,以及金属覆盖度的情况,衬底硅原子相对干净 Si(111) – 7 × 7 的电子态发生何种变化。根据理论和实验结果,结合 Lee 等提出的 Honeycomb-Chain-Channel(HCC)模型,可以解释包括 STM 图像等现象。

1.1.4　$SrTiO_3/Si(100)$ 和 Sr/Si 体系研究存在的问题

通过以上对 $SrTiO_3/Si(100)$ 和 Sr/Si 体系的总结,可以看出还存在以下问题:

(1) 在 Sr/Si 体系中,前人已经对 Sr/Si(100) -2×1 表面进行了大量理论及实验研究,对其制备、结构有了比较深入的理解。然而对于在外延生长氧化物过程中该层表面怎样阻挡氧与 Si 的反应,还没有理解清楚,特别是 Sr/Si(100) -2×1 表面的覆盖度是多少,依然没有共识。

(2) 在 Sr/Si(100) 体系中,对于低覆盖度时的典型再构(2×3)具体的电子态和几何结构,还没有合理的解释,特别是早期结构模型中认为该表面存在单独的硅原子,而光电子能谱(XPS)结果观察到该表面的硅原子都以二聚体的形式存在,二者之间的矛盾迄今为止仍然没有解决。这主要是由 Sr/Si(100) -2×3 的再构理论工作不充分,对该表面的结构和电子输运性质缺乏理解导致的。

(3) 对于 Si(111) 这个具有复杂再构表面的衬底,已经有 $SrTiO_3$ 外延成功的报道,而 Sr/Si(111) 的界面结构是什么样的,除了理论研究中有一些提及外加一处实验现象外,并没有翔实的研究结果。

(4) $SrTiO_3$ 沉积到 Sr/Si(100) -2×1 表面上形成了纳米岛,这些纳米岛的电子结构和表面原子排布情况如何,迄今为止仍不清楚。

1.2　研究内容

借助 STM 这个可以提供原子尺度结构和电子态的有力工具,本书对 Sr/Si 体系进行了深入的研究,主要分为以下 3 个部分:

(1) 第一部分:Si(100) 衬底上的 Sr/Si 再构

在 Si(100) 衬底上以 PLD 方法获取 Sr/Si 再构。原位 STM 观察从 SrO/Si(100) 向 Sr/Si(100) 转换的动力学过程,观察到表面出现明显的中间状态,结合光电子能谱的结果,证实存在 SrO 由非晶向晶型转化的过程。对其中两种典型的再构,即 Sr/Si(100) $-2\times$

3 和 Sr/Si(100) – 2 × 1 进行详细的研究。理论计算结果表明 Sr/Si (100) – 2 × 3 表面的硅原子进行了断键重排,重排后表面的硅原子都以二聚体的形态存在,这种重排再构使得 Sr/Si(100) – 2 × 3 表面室温下的电子态具有典型的半导体性质,并且在 STM 图像上出现明显的偏压依赖性。Sr/Si(100) – 2 × 1 表面的锶原子在室温下具有明显的整体迁移现象,表明该表面锶与衬底硅原子的结合较弱,硅二聚体链形成的高势垒使得锶原子只能进行一维运动。

(2) 第二部分:Si(111)衬底上的 Sr/Si 再构

主要研究 Si(111)衬底上出现的 Sr/Si(111) – 3 × 2 再构表面,通过高分辨 STM 图像的分析给出表面的结构模型,解释表面会出现不同结构的原因。该表面在室温下表现出典型的半导体性质,其 STM 图像具有明显的偏压依赖性。令人惊奇的是该表面的锶原子在室温下同样具有一维运动的特性,通过分析其成因成功解释了表面 STM 图像中出现清晰与模糊原子链的机制。

(3) 第三部分:超薄 $SrTiO_3$ 膜的高温晶化

主要利用 STM 研究以 Sr/Si(100) – 2 × 1 作为衬底,沉积超薄 $SrTiO_3$ 后,经过高温晶化处理后表面会出现哪些现象。前面虽然已经看到初始沉积时出现相分离的现象并外延生出 $SrTiO_3$ 纳米岛,但这些纳米岛的表面结构究竟是怎么样的,其电子态上有哪些特征,在这一部分要进行详细的探讨。

1.3　主要实验方法和仪器

1.3.1　PLD 实验方法

脉冲激光沉积(Pulsed Laser Deposition, PLD)技术,又称为脉冲激光熔融术(Pulsed Laser Ablation, PLA)。自世界上第一台红宝石激光器发明以来,作为激光技术发展的一个分支,脉冲激光沉积技术也应运而生。早在 1965 年,Smith 与 Turner 就完成了第一个 PLD 实验室,当时使用的是脉冲红宝石激光。之后虽然针对 PLD 技术做了大量的理论与实验工作,但是由于激光溅射流的"飞溅"

使样品表面呈颗粒状,很不平整,限制了 PLD 技术的应用。直到20 世纪 80 年代末,激光分子束外延技术成功以后,它才得到迅速发展和应用。PLD 技术首先被用来制备高质量的氧化物高温超导薄膜,之后被广泛用于制备铁电体、铁氧体、非晶金刚石和超硬材料、耐磨镀层、高聚物、化合物半导体和纳米材料。

图 1.21 是 PLD 基本装置的示意图,图中标出了几个重要参数。激光束从激光器射出后,孔径光阑滤掉除基频外的其他模式,经汇聚透镜汇聚,从真空室上的石英窗口射到真空系统里的靶材上,在激光入射到靶材之前还需要对光束进行调焦,以控制蒸发的速率和效率,最后激光将靶材表面层分子/原子蒸发出来,沉积到靶对面的衬底上。

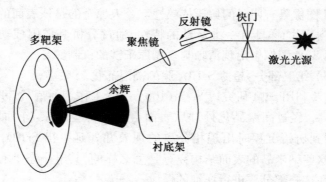

图 1.21　脉冲激光沉积(PLD)的原理示意图

在实际的 PLD 系统中,为了使靶表面的材料能够均匀地蒸发出来,需要配备激光扫描装置和靶材旋转装置,通常通过步进电机实现;旋转靶台安装多个靶材后,可以通过切换不同的靶实现蒸发不同的材料;衬底还需要保持旋转以增加样品厚度的均匀性,衬底与靶之间要有一定的可调节距离,另外,衬底上最好有加热装置,能够实现在样品的生长过程中保持高的衬底温度(例如保持在1 000 K);原子气源在生长过程中也很重要,这样可以实现生长所需的活性气体;在沉积系统中,通常还配备反射高能电子衍射仪(RHEED),以便实时观察样品的生长状况。加上相关的控制仪器及计算机系统,人们就可以实现沉积过程的自动控制。

脉冲激光与物质的作用是很复杂的,通过研究人们发现在沉积过程中存在 3 种吸收:① 电子、声子相互作用引起的声子吸收;② 表面自由输运吸收;③ 等离子体羽辉的吸收。当激光的能量被材料吸收后,首先电子运动加剧,继而转化为内能、化学能及动能,从而将靶材蒸发、烧蚀、激发、剥落,形成等离子体羽状物,它由高能离子混合而成,其中包括原子、分子、电子、离子、基团、尺寸较大的固体颗粒及熔融状的液滴等。简单来说,聚焦的激光射向靶材,引起的过程包括:① 靶材表面急剧升温并蒸发;② 靶材气体强烈吸收能量发生电离,形成稠密的等离子体;③ 等离子体加热、加速,吸收后期脉冲激光。等离子体中的原子和离子在靶附近的高密度层内碰撞并产生与靶面垂直的高度定向的扩展束流。实际上,上述过程是在非常短的时间内几乎同时发生的。

PLD 技术能够广泛应用,主要是因为这种技术具有以下一些独具的特点:

(1)应用范围广。只要选择合适的激光波长、能量,很多材料都可以用 PLD 技术生长,尤其是在高温氧化物材料的沉积上应用得特别多。

(2)可以实现同组分沉积。由于 PLD 具有很高的起始加热速率,而且激光引起的等离子体对靶的剥蚀基本上是非热的,只要选择合适的功率密度,PLD 制备的样品组分与靶材组分基本是一致的。

(3)激光器与真空室分离,激光参数如激光的功率密度、波长等,可以很方便地调整。

除了以上优点,PLD 也有其局限性:

(1)激光烧蚀靶时容易产生较大尺寸的颗粒,不利于高质量薄膜的制备。

(2)膜厚不够均匀。激光熔蒸羽辉具有很强的方向性,只能在很小的范围内形成均匀膜。

研究表明,薄膜表面的颗粒大小及激光熔蒸后靶面的粗糙度与波长有很强的关联,激光波长越短,颗粒越小,靶面越平整。因此,应尽量选用小波长的激光作为 PLD 的光源。更有效的办法是选用颗粒速度选择器,将速度慢的大颗粒挡住。更进一步,还可以使用双激光熔蒸技术:先用 10.6 μm 波长的 CO_2 激光使一浅层靶面熔化,紧接着用脉冲准分子激光熔蒸。使用这种技术可以使膜中的颗粒密度降低到原来的 1/1 000。

为了生长出大面积厚度均匀的薄膜,一般采用旋转衬底,扫描激光的方法。可以实现在 15 cm(6 inch)直径的衬底上生长出的薄膜膜厚变化 ±2.3%,组分变化 ±0.5%。

1.3.2　STM 简介

扫描隧道显微镜(STM)的工作原理是基于量子力学中的电子隧穿效应,简称隧穿原理。该原理是量子力学区别于经典力学的最主要标志之一,在许多微观的物理现象解释中起到重要作用。在量子理论中,若两个电极的距离足够近,即使所加电压不足以使电子获得可跨过真空势垒的能量,电子仍然有概率隧穿到另外一个电极。下面利用一个简单的模型来阐述该原理。

1.3.2.1　一维尺度下的隧穿模型

在 STM 系统中,STM 所用到的针尖和所要扫描的样品可以分别看作一个金属电极,整个系统是一个一维的金属－真空－金属隧穿结系统(图 1.22)。

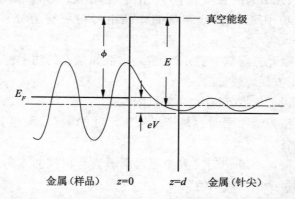

图 1.22　一维的金属－真空－金属隧穿结系统示意图

在这个系统中,能量为 E 的电子在势垒 $U(z)$ 中的运动可以用下述方程来描述:

$$\frac{p^2}{2m} + U(z) = E \tag{1.1}$$

其中,m 为电子质量,p 为电子动量。

在 $E > U(z)$ 区域中,电子具有非零的动量 p。在经典力学中,电子不可能穿过 $E < U(z)$ 的区域,但在量子力学中,电子具有波粒二象性,其状态由波函数 $\psi(z)$ 描述,并满足 Schrodinger 方程:

$$-\frac{\hbar^2}{2m}\frac{\mathrm{d}^2}{\mathrm{d}z^2}\psi(z) + U(z)\psi(z) = E\psi(z) \tag{1.2}$$

在 $E < U(z)$ 区域,上述方程的解为

$$\psi(z) = \psi(0)\mathrm{e}^{-kz} \tag{1.3}$$

其中,$k = \dfrac{\sqrt{2m(U-E)}}{\hbar}$ 为衰减因子,用来描述电子在 $+z$ 方向上衰减的状态,在 z 点附近观察到一个电子的概率密度正比于 $|\psi(0)|^2\mathrm{e}^{-2kz}$,它在势垒区有非零的数值,说明电子存在穿透势垒的非零概率。

假设针尖和样品的功函数相同,针尖的电子可以进入样品,样品的电子也可以进入针尖。在没有施加偏压时,不存在净的隧穿电流;当加上偏压 V 后,就会存在净的隧穿电流。处于 E_F 至 eV 之间本征能量为 E_n 的样品电子态 ψ_n 有概率隧穿进入针尖。在外加偏压 V 远小于功函数,即 $eV \ll \phi$ 时,所有有意义的样品态能级十分接近费米能级,$E_n \approx -\phi$。第 n 个样品电子态中的电子出现在针尖表面 $z = W$ 处的概率 ω 表达为

$$\omega \propto |\psi(0)|^2\mathrm{e}^{-2kW} \tag{1.4}$$

因此,隧穿电流正比于能量间隔 eV 内的样品电子态数目。隧穿电流表达为

$$I \propto \sum_{E_n = E_F - eV}^{E_F} |\psi_n(0)|^2\mathrm{e}^{-2kW} \tag{1.5}$$

样品的局域态密度(LDOS)可定义为

$$\rho_s(z,E) = \lim_{\varepsilon \to 0} \frac{1}{\varepsilon} \sum_{E_n = E-\varepsilon}^{E} \mid \psi_n(z) \mid^2 \tag{1.6}$$

如果 V 足够小,以至于 eV 范围内电子态密度没有明显变化,则式(1.5)的求和可以方便地改写为 E_F 处的样品 LDOS:

$$I \propto V\rho_s(0,E_F)e^{-2kW} \tag{1.7}$$

对于常用的金属,表面功函数在 5 eV 左右,代入式(1.4)可以得到隧穿电流随针尖与样品间距呈指数变化,衰减因子 $k \propto 1/d$ (Å^{-1}),也就是说,针尖与样品间距每增加 1 Å,隧穿电流就减少为 $1/e^2$;针尖与样品间距每减少 1 Å,隧穿电流就增大为 e^2 倍。

考虑到费米面电子态密度为

$$\sum_{E_F-eV}^{E_F} \mid \psi(0) \mid^2 e^{-2kW} \equiv \rho_s(W,E_F)eV \tag{1.8}$$

隧穿电流可以表述为

$$I \propto \rho_s(W,E_F)eV \tag{1.9}$$

以上的一维近似处理方法可以用来定性理解 STM 中隧穿电流 I 对针尖与样品间距 d 和样品费米面附近电子态密度的依赖关系。

1.3.2.2 扫描隧道显微镜的构造和工作模式

STM 仪器从原理到实现有许多技术关键。首先,由于隧穿发生在针尖与样品间距 0.3 ~ 1.2 nm 范围内,并要求极度稳定,因此样品与针尖的定位与稳定问题首当其冲。使用压电陶瓷管可以解决定位问题。把针尖装在三维压电陶瓷管上,控制陶瓷管上的电压就可以控制针尖在三维方向上的定位和运动,实现隧穿与样品的扫描。系统的稳定性来源于多级减震系统的共同作用。稳定的基座、多级减震弹簧和磁阻尼等常用来共同实现一个稳定的工作环境,另外,通过给整个系统加上减震气垫基本上可以实现对 2 Hz 以上频率的过滤,良好的接地可以屏蔽大量的外界电磁干扰。STM 隧穿电流一般工作在 1 pA ~ 333 nA 范围内,这么微小的电流的检测、放大则是实现 STM 的另一个关键之处。

STM 最基本的装置如图 1.23 所示:把针尖装在三维压电陶瓷管上,陶瓷管可以控制针尖在 x,y 和 z 方向的运动。通过改变陶瓷管上的电压来控制针尖位置。在针尖和样品间加上偏压 V 以产生隧穿电流 I。再把 I 通过放大器反馈回电子控制单元,并与设定电流值比较,以驱动竖直方向电压改变针尖高度 z,使隧穿电流保持恒定。在 x,y 压电元件上加扫描偏压使针尖在 $x-y$ 平面内移动,记录针尖高度的变化就能得到表面形貌图像 $z(x,y)$。以上就是 STM 扫描中最常用的恒流模式(图 1.24a)。

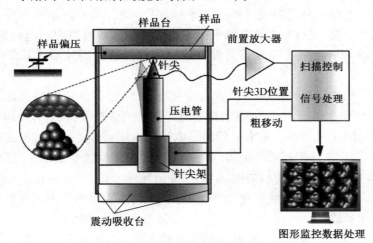

图 1.23　STM 系统基本工作原理示意图

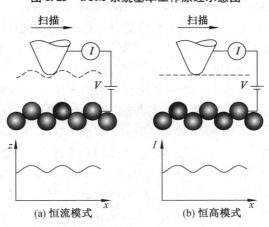

图 1.24　STM 的两种工作模式

除了以上介绍的恒流模式外,常见的 STM 的工作模式还有以下几种:恒高模式(图 1.24b)、扫描隧道谱的测量模式、dI/dV 图像模式和谱模式。

在恒高模式下,扫描隧道显微镜的针尖 z 方向的压电陶瓷驱动电压保持恒定,于是针尖只做 $x-y$ 平面内的运动。此时测量针尖运动到任何一点的电流值,依据此电流值作出的图像便是恒高模式的图像。恒高模式对样品的平整度要求较高,表面不能存在较大的凸起,只有基本具有原子级平整度的样品才可以使用该模式,不然 STM 的针尖非常容易被高的凸起物撞坏使得实验无法顺利进行。

扫描隧道谱的测量模式主要原理如下:让针尖停在感兴趣的地方不做 $x-y$ 方向的扫描,固定隧穿结的某些参数,测量另外两种参数的相互关系。最常记录的是电流-电压谱即 $I-V$ 曲线,在这种模式下,反馈被临时关闭,针尖高度固定,然后改变偏压,记录隧穿电流。如果保持扫描偏压不变,关闭反馈,改变针尖到样品的距离,记录此时电流的变化即可获得 $I-z$ 谱,这种谱提供表面和针尖之间局域势垒的高度信息,可以用来测量表面的功函数。

$I-V$ 曲线包含了样品和针尖在费米面附近能级结构的丰富信息,是针尖和样品态密度的卷积。如果忽略针尖的能级结构,$I-V$ 曲线给出的信息就是样品的能级信息。$I-V$ 谱模式在测量超导能隙、表面局域态密度分布、表面吸附分子的能级结构、表面吸附颗粒的电导性质等方面都有很重要的应用。

dI/dV 图像模式和谱模式通过在系统中增加信号源与锁相放大器采集。在恒流扫描偏压上附加一个交流电源,利用锁相放大器检测出通过隧穿结后的交流电流强度分布并作出 dI/dV 图。这个信号的强度正比于针尖探测位置在扫描电压下的态密度(DOS)分布,即等能态密度分布。在某一感兴趣的样品位置上停止扫描,采集该处不同偏压下的 dI/dV 数据即可获得 dI/dV 谱。通常实验中直接测量出来的 dI/dV 谱比数值微分获得的 dI/dV 谱具有更高的分辨率。

1.3.3 仪器系统

实验所使用的仪器系统是一套完整的超高真空系统(图1.25),主要由以下几个部分组成:进样室、样品中转室、MBE 室、STM 分析室。整个真空系统固定在一个气垫减震平台上以降低外界地面噪声的影响。样品放入进样室经过一定时间抽真空后,借助磁力传送杆放入样品中转室,根据不同需求,可通过转移至 MBE 室沉积薄膜或直接进入 STM 分析室。在这一整套真空系统中,除了进样室(配备机械泵和分子泵),其余 3 个真空室经过烘烤(150 ℃,36 h 以上)去除大量吸附气体后, 在离子泵正常工作的条件下 3 个真空室背景真空可以降到 10^{-8} Pa 以下,在这种真空条件下,形成一个单分子的吸附层时间长达十几小时,这种背景真空可以保证STM 扫描测试过程中样品表面不受腔内残余气体分子的影响。

图 1.25　PLD – MBE – STM 复合真空系统

这套真空系统中最主要的分析测量工具是由德国 Omicron 公司生产的变温原子力/扫描隧道显微镜系统(VT-AFM/STM,图1.26),该显微镜系统是实验分析中最主要的设备。该显微镜最主要的特点是具有非常宽的样品温度测试范围(25 ~ 1 500 K),获取低温的方法主要是通过液氮/液氦循环冷却样品台,当样品台稳定保持在低温后,样品再冷却到所需的温度;获取高温的方法主要是通过背景辐射加热或样品本身直接通过电流进行加热(此时需要对样品偏压进行补偿以抵消加热电流产生的偏差)。在低温(液氮)或极低温(液氦)时扫描样品可以降低温度热扰动的影响,对于获取表面的电子和几何结构非常有利,而高温下的样品扫描可以研究样品的表面动态转化(动力学)过程。另外,通过选择不同的隧穿电流范围可以实现最小为 1 pA、最大达 333 nA 的稳定隧穿图像。更换不同的针尖可以方便地在原子力显微镜模式和扫描隧道显微镜模式之间进行切换。控制该显微镜的是 MATRIX 软件系统。

图 1.26　Omicron 公司的变温原子力/扫描隧道显微镜系统

另外,该套真空系统还配有以下几种样品制备方法:

(1)脉冲激光沉积系统,主要由 MBE 真空腔和美国光谱物理公司生产的 Nd：YAG 固体激光器(图 1.27)组成。MBE 室配备了反射式高能电子衍射仪(RHEED),以及旋转靶和衬底的步进电机,通过调节衬底固定架的位置可以方便地实现样品与靶材之间距离的调节(1～10 cm),样品固定架上除了加热的电炉外,还在样品与电炉中间放置一 K 型热电偶,从而准确测试生长时衬底所具有的加热温度。由于实验中生长的材料主要是氧化物,在超高真空条件下直接生长会出现很多氧空位,为了补偿这些空位,需要通入一定量的氧,通过超高真空微漏阀可以精确控制通氧量。

激光器是美国光谱物理公司生产的 Quanta-Ray Pro 250 调 Q Nd:YAG 激光器,其基本输出波长为 1 064 nm 的脉冲激光束,通过倍频晶体可以分别获得波长为 266 nm,355 nm,532 nm 的脉冲激光,激光脉冲频率为 10 Hz,脉冲宽度为 8 ns。经过全反射镜和光学聚焦镜片,经过石英窗将聚焦后的激光引入真空腔体中的靶材上。利用这种方法可以生长各种氧化物薄膜,如 SrO,TiO_2,ZnO,$SrTiO_3$ 等。

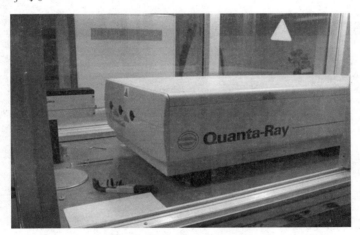

图 1.27　美国光谱物理公司的 Nd:YAG 固体激光器

(2)四源电子束蒸发设备,是英国牛津公司生产的,该蒸发源放在 STM 室中,其工作原理是在超高真空条件下利用电子束对金属坩埚(钼、钽、钨等)进行加热,此种方式可以非常精确地控制成膜速率,通常生长速率控制在 0.01 ~ 0.1 nm/s。利用该蒸发源可以实现常规金属如 Au,Ag 等的生长,另外还可用来生长与金属 Ti 相关的纳米材料。

(3)自制的辐射加热坩埚,放在中转真空室里,利用金属钨丝加热氧化铝(99.9%)陶瓷坩埚的方式在超高真空下沉积各种分子,实验室常用的分子包含 Co – PC 等。

针尖的制备方法:实验中使用的主要是钨(W)针尖。利用配好的碱液,将高纯钨丝放入该溶液中,通过专门的控制电路控制溶液对钨丝的腐蚀速度。在临界点快速切断电路从而形成尖锐的 W针尖,而后对针尖进行相应的清洗,放入真空室,经过氩离子枪处理后基本就可以进行 STM 扫描。为了获取稳定状态的针尖,还可以利用场发射去除针尖表面的氧化层。通过标准样品[如 Au/云母,Si(111) – 7 × 7 等]进行形貌和电流 – 电压曲线的确认。

第2章 Sr/Si(100)再构表面的制备

2.1 引 言

绪论中已经介绍了硅基氧化物外延生长的关键是获得有饱和硅表面悬键态的 Sr/Si 界面。为了更加深入地理解 $SrTiO_3$ 在 Si(100) -2×1 衬底上的生长机制及相应的界面结构,首先对在 $SrTiO_3$ 生长中起到至关重要作用的缓冲层 Sr/Si(100) 的生长机制和结构变化情况进行深入研究,以期能够理解该缓冲层在氧化物的外延生长过程中是怎样隔绝氧与 Si 的相互反应的。

本章主要介绍获得不同 Sr/Si(100) 再构表面实验的具体方法,通过原位 STM 扫描,研究高温下 SrO/Si 向 Sr/Si 再构表面转化这一动态过程。

2.2 Sr / Si(100)的获得

2.2.1 Si(100)衬底再构表面的获得

Si(100)是现代半导体工艺的基石,在现代半导体微电子集成电路所使用的 Si 衬底中,95% 以上都是 Si(100)衬底。实验中使用的 Si(100)衬底是购买自美国弗吉尼亚半导体公司的单面抛光的基片。先用金刚石刀将圆形 Si 片切成 10 mm ×5 mm 大小,然后利用超纯水和丙酮分别超声清洗数遍之后,再经进样室传入制样室,在制样室中,将 Si(100)衬底在 650 ℃下去气 12 h 以上,去除有机杂质。然后将 Si 片在极短的时间内(通常小于 3 s,文献中称为

Flashing,中文翻译成闪蒸)通以较大的电流使其温度达到 1 200 ℃,并保持 30 s 以上。经过来回 10 次左右,Si 片表面的自然氧化层会以气态 SiO 的形式挥发掉。值得注意的是,最后一次处理时,温度不是从最高点直接降至室温,而是在 850 ℃ 左右停留几分钟使表面结构发生重排并降低表面缺陷态数量,然后在 15 ~ 30 min 内将 Si 片温度降到室温。经过这样的步骤,通常会获得表面缺陷率小于 5% 的典型 Si(100) −2 ×1 再构,如图 2.1 所示。

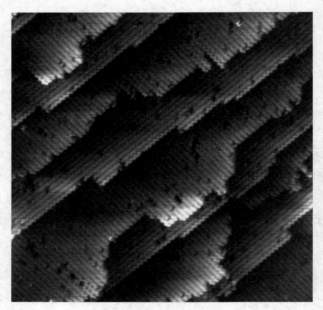

图 2.1　Si(100) −2 ×1 再构表面典型的 STM 图像

在 Si(100) −2 ×1 再构表面,初始时最外层 Si 原子具有两个悬挂键。由于此时的表面能很高,为了降低表面能,每一对相邻的 Si 原子都会分别贡献一个悬挂键形成共价键,从而将表面悬挂键的数量减少 1/2。这时表面能会有较大幅度的降低,这一对对 Si 原子则形成二聚化状态(Dimer)。这个二聚物中的两个 Si 原子并非处于同样的高度,而是一个高一个低。较高的 Si 原子形成类似四面体的键价结构(sp^3),另外一个 Si 原子则形成接近平面型的键价结构(sp^2)。低于 130 K 时,这种二聚物形成典型的稳定 Si(100) – c(4×2)结构。室温下二聚物中的两个 Si 原子在 STM 图像中表现为 Si(100) – 2×1 结构,是由 STM 测量的时间平均效应造成的(图 2.2)。若室温下表面上有缺陷存在,如有吸附的水分子等,在缺陷周围可以将这种结构稳定住从而形成明显的"之"字形结构。前人已进行了大量的实验和理论工作来证实上述的结构模型。

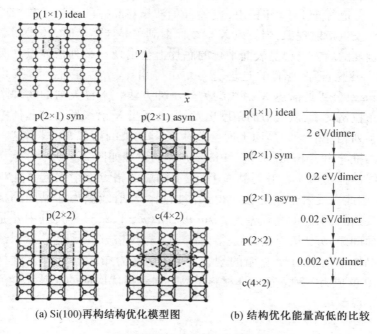

(a) Si(100)再构结构优化模型图　　(b) 结构优化能量高低的比较

图 2.2　Si(100)各种表面再构

2.2.2　SrO/Si(100)的制备

在制备出前述 Si(100) – 2×1 衬底的基础上,通过真空机械手将该衬底转移至分子束外延和脉冲激光沉积双功能真空室,然后进行激光脉冲沉积 SrO。使用的激光波长是基准波长为 1 024 nm,通过倍频晶体将输出的激光波长调整到 266 nm,266 nm 波长的激光功率为 500 ~ 600 mW,典型的沉积时间为 30 ~ 60 s,沉积温度采用室温。沉积过程中 SrO 靶材和衬底在步进电机的带动下旋转。

2.2.3　SrO/Si(100)结构表征方法

制备完 SrO/Si(100)样品后,为了分析样品的结构,特别是样品热处理前后的变化情况,进行了非原位状态下的结构表征。使用 X 射线衍射仪表征样品的结晶状态,使用光电子能谱仪表征样品的化合物价态。

2.2.3.1　X 射线衍射(XRD)

劳厄等于 1912 年提出,当 X 光的波长与晶体的晶格常数相近时会发生衍射现象:当一束 X 射线照射到单晶样品上时,放置在晶格点阵的后方与单晶表面平行的底片上会出现一系列衍射点。实验结果验证了他们的这一想法,并得出了劳厄方程。布拉格(Bragg)公式是描述 X 射线的另外一种方法。来自英国的物理学家布拉格父子,从反射的角度出发,提出了当 X 射线照射到晶体中一系列相互平行的晶面上时会发生反射现象的猜想,并根据这一想法推导出了 Bragg 方程。Bragg 方程的原理如图 2.3 所示。当 X 射线以掠射角 θ 入射到晶面上后,不同层的格点反射引起了光程差,因此在反射方向能够获得干涉加强。X 射线被相邻晶面的格点反射后,引起的光程差为 $2d\sin\theta = n\lambda(n=1,2,3,\cdots)$,其中 d 是晶面间距,θ 是衍射角,n 是衍射级数。布拉格方程反映了 X 射线在晶体中衍射时所遵循的规律,所以也称为布拉格定律。这样XRD 就成为一种表征固体材料结晶方向和择优取向的非破坏性测量手段。

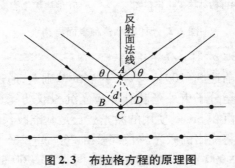

图 2.3　布拉格方程的原理图

　　对于固体物理学而言,每一种特定的晶体物质都会有相对应的结构参数,这些结构参数都可以通过 XRD 的特征衍射峰表现出来。一种含有多种混合物相的样品的 X 射线衍射花样,会是各个物相衍射峰位的叠加,利用峰位标准卡可以把混合物相中的各个物相分析出来。被表征的薄膜是由晶粒组成的,可能是非定向的、单晶或多晶等多种情况。

2.2.3.2　X 射线光电子能谱(XPS)

　　X 射线光电子能谱技术是电子材料与元器件显微分析中的一种先进分析技术,而且是常常和俄歇电子能谱技术(AES)配合使用的分析技术。由于它可以比俄歇电子能谱技术更准确地测量原子的内层电子束缚能及其化学位移,所以它不但能为化学研究提供分子结构和原子价态方面的信息,还能为电子材料研究提供各种化合物的元素组成和含量、化学状态、分子结构、化学键方面的信息。它在分析电子材料时,不但可以提供总体方面的化学信息,还能给出表面、微小区域和深度分布方面的信息。另外,因为入射到样品表面的 X 射线束是一种光子束,所以对样品的破坏非常小。这一点对分析有机材料和高分子材料非常有利。

　　处于原子内壳层的电子结合能较高,要把它打出来需要能量较高的光子,以镁或铝作为阳极材料的 X 射线源得到的光子能量分别为 1 253.6 eV 和 1 486.6 eV,此范围内的光子能量足以把不太重的原子的 1s 电子打出来。元素周期表上第二周期中原子的 1s 电子的 XPS 谱线如图 2.4 所示。结合能值各不相同,而且各元素之间相差很大,易于识别(从锂的 55 eV 增加到氟的 694 eV),因此,通过考查 1s 的结合能可以鉴定样品中的化学元素。除了不同元素的同一内壳层电子(Inner Shell Electron)(如 1s 电子)的结合能各有不同的值以外,给定原子的某给定内壳层电子的结合能还与该原子的化学结合状态及其化学环境有关,随着该原子所在分子的不同,该给定内壳层电子的光电子峰会有位移,称为化学位移(Chemical Shift)。这是由于内壳层电子的结合能除主要决定于原子核电荷外,还受周围价电子的影响。电负性比该原子大的原子趋向于把该原子的价电子拉向近旁,使该原子核同其 1s 电子结合牢固,从而增加结合能。

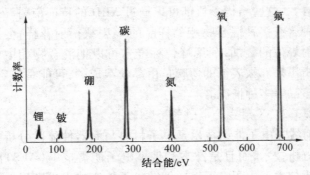

图 2.4　第二周期元素的 1s 电子结合能

　　1887 年,海因里希·鲁道夫·赫兹发现了光电效应;1905 年,爱因斯坦解释了该现象,并因此获得了 1921 年的诺贝尔物理学奖。两年后的 1907 年,P. D. Innes 用伦琴管、亥姆霍兹线圈、磁场半球(电子能量分析仪)和照像平版做实验来记录宽带发射电子和速度的函数关系,他的实验事实上记录了人类第一条 X 射线光电子能谱。其他研究者如亨利·莫塞莱、罗林逊和罗宾逊等则分别独立进行了多项实验,试图研究这些宽带所包含的细节内容。XPS 的研究由于战争而中止,第二次世界大战后瑞典物理学家凯·西格巴恩和他在乌普萨拉的研究小组在研发 XPS 设备中获得了多项重大进展,并于 1954 年获得了氯化钠的首条高能高分辨 X 射线光电子能谱,显示了 XPS 技术的强大潜力。1967 年之后的几年间,西格巴恩就 XPS 技术发表了一系列学术成果,使 XPS 的应用被世人所公认。在与西格巴恩的合作下,美国惠普公司于 1969 年制造了世界上首台商业单色 X 射线光电子能谱仪。1981 年西格巴恩获得诺贝尔物理学奖,以表彰他将 XPS 发展为一个重要的分析技术所做出的杰出贡献。

　　X 射线光子的能量在 1 000 ~ 1 500 eV 之间,不仅可以使分子的价电子电离,而且可以把内层电子激发出来,内层电子的能级受分子环境的影响很小。同一原子的内层电子结合能在不同分子中相差很小,故它是特征的。XPS 的原理是用 X 射线去辐射样品,使原子或分子的内层电子或价电子受激发射出来。被光子激发出来的电子称为光电子。可以测量光电子的能量,以光电子的动能/束缚能(Binding Energy)$[E_b = hv(光能量) - E_k(动能) - w(功函数)]$为横坐标,相对强度(脉冲/s)为纵坐标可作出光电子能谱图,从而获得试样的有关信息。X 射线光电子能谱对化学分析最有用,因此被称为化学分析用电子能谱(Electron Spectroscopy for Chemical Analysis)。

2.3 Sr/Si(100)表面 SrO 晶态的形成

制备 Sr/Si 体系使用 SrO(99.9%,ALDRICH)陶瓷靶,在大气气氛下利用高温(1 100 ℃)烧结而成,烧结后对该靶材结构的测试在 M18Xθ/2θ 衍射仪上进行,其典型的 XRD 图谱如图 2.5 所示。

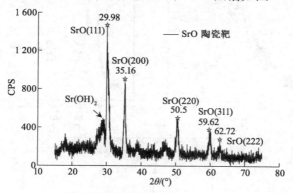

图 2.5   SrO 靶材的 XRD 图谱

在 SrO 靶材的 XRD 图谱中可以清楚地看到 SrO 的多晶峰,其中最强的 3 个峰是(111)、(200)、(220),这表明靶材里的 SrO 主要以面心立方结构存在。除了这些峰以外还能看到一些鼓包状的峰,最明显的是 28.493°,这个峰位正好对应 Sr(OH)$_2$ 的结构,这说明在大气气氛下,SrO 粉料和靶材都易于吸收大气中的水生成 Sr(OH)$_2$。

在已有文献中,人们对于 Sr/Si 界面到底有没有氧化物的存在持不同的观点。Liang 等认为在 $SrTiO_3/Si(100)$ 界面处存在稳定的硅酸盐型的氧化物(Silicate),而 Mckee 和 Lettieri 等认为界面处存在的是金属硅化物(Silicide)。

为了探索这一分歧问题,观察 SrO 沉积后界面组分的信息情况,在室温下完成 SrO(厚度约 1 nm)的沉积后,不对样品进行任何处理,直接放入充满高纯 N_2 的样品盒中保存。然后在微尺度物质科学国家实验室公共测试分析中心的 XPS 分析仪(VG ESCALAB MK Ⅱ)中进行组分分析。利用 XPS 仪器中配备的 BN 辐射加热设备对样品进行加热处理,在 600 ℃(热电偶接触样品台进行测温)下退火处理 30 min,加热前后的典型 XPS 结果如图 2.6 所示。

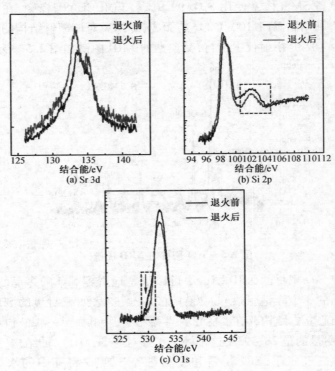

图 2.6　SrO/Si(100)样品退火前后的 XPS 结果

XPS 的峰位是利用样品表面吸附碳的 250 eV 来校准的。

从图 2.6a 中可以看到,退火前后 Sr 的结合能相对于体材料都有变化:体材料 Sr 的 3d 结合能峰位在 131.8 eV, 退火处理前 Sr 的 3d 结合能峰位在 133.3 eV, 相对于体材料结合能减少了 1.5 eV;退火处理后其 3d 结合能峰位在 133.7 eV, 相对于体材料结合能减少了 1.9 eV,这表明退火前后 Sr 的化学环境发生了变化。

从图 2.6b 中可以看出,对于衬底 Si 来说,在未进行处理前,其 2p 结合能中除了主要单质 Si 对应的信息外,在界面处还能看到一些 SiO_x 的信息(结合能在 102.2 eV 有微弱的峰)。退火处理后, SiO_x 的信息依然存在,这表明仍有部分界面处的 Si 与 O 结合,但由于在 103.2 eV 处没有明显的峰,表明此时界面处的氧化的 Si 价态小于 +4。

从图 2.6c 中可以看出,退火前 O 的 1s 结合能峰位在 532.5 eV,在退火处理后其低能端出现了明显的伴峰(峰值中心在 531 eV,另外的峰值中心在 533 eV),这表明退火后表面生成了一种新的氧化物。考虑到是在室温下沉积的 SrO,并且膜厚为 1 nm 左右,从退火处理前的 O 的 XPS 峰位可以知道此时沉积的薄膜是非晶状态的,通过退火处理后这种超薄的 SrO 出现晶化的转变,并且由于此层 SrO 只有 2~3 个单层的厚度,其 O 和 Sr 的 XPS 峰位与体材料峰位相比较出现了明显的移动。基于以上这些元素峰位的变化,可以认为退火前后界面处的 Si 基本上没有发生明显变化,只是非晶的 SrO 转变成了具有一定程度晶化的 SrO。Mesarwi 等的 XPS 结果显示低氧条件下的 SrO 中 O 的结合能在 530.8 eV,与上面观察到的 531 eV 很接近。注意到此时的界面结构与 Delhaye 等观察到的在 Si(100)−2×1 上生长几个单层 $SrTiO_3$ 后的界面结果很相似。

以上的 XPS 结果不是在原位状态下获得的,而是暴露在大气中,因此界面处的 Si 原子可能已经出现氧化的情况。

为了更加直观地观察表面情况,研究了样品不暴露在大气中时退火前后的 STM 表面形貌以便进行比较。图 2.7a 为沉积完 SrO 未进行退火的 STM 表面形貌,图 2.7b 为退火处理中间反应状态。

从图 2.7a 中可以清楚地看出,刚刚沉积完的样品在未进行真空退火处理前表面比较平整,没有出现明显的再构,为典型的无序状态。考虑到靶材的原材料为 SrO,由于未进行退火处理,该层表面应该为有一定氧缺失的 SrO。在 SrO 与 Si 的界面处还可能存在一定的硅氧化合物,在进行一定时间的退火处理后,表面出现如图 2.7b 所示的这种大面积的移动情况,并且台阶边缘比较圆润,不像单晶 Si 表面台阶那样棱角分明。

(a) 退火前   (b) 退火处理中间反应状态

图 2.7   SrO/Si(100) 的 STM 形貌

2.4   Sr/Si(100) 高温退火情况

为进一步研究该氧化物表面随退火温度的详细变化情况,进行了不同温度的退火处理,发现若要获取有序再构的表面,样品的退火温度不能低于 500 ℃(利用红外测温仪获取)。

在 500~550 ℃ 范围内,经过退火处理,表面开始出现一定的有序性,这种再构称为 Sr/Si(100) − 2 × '1'。室温下此表面的典型形貌如图 2.8a 所示,相比于整齐规则的 Si(100) − 2 × '1' 结构来说,这种锶存在的 2 × '1' 结构并不是很整齐,中间存在着大量的缺陷。高分辨的 STM 图像中并没有观察到类似于 Si 表面中存在的二聚物结构现象。在样品空态下,改变扫描偏压时,图像会有比较明显的变化,最显著的差别出现在 1.5 V 的 STM 图像中,此时表面基本观察不到缺陷,只看到 2 × '1' 的再构锶原子。

在 550～650 ℃ 范围内,经过退火处理,室温下表面的 STM 形貌出现典型的有序结构[Sr/Si(100)-2×3]。由于锶原子的部分逸出会形成一种稳定的 2×3 再构表面(图 2.8b)。相对于 2×'1'再构表面来说,此种 2×3 表面的有序性大大增加,基本可以达到衬底 Si(100)-2×1 的有序程度。并且该表面的空态 STM 图像随偏压有非常显著的变化,在下一章中会对其结构进行详细的研究。

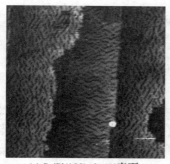

(a) Sr/Si(100)-2×'1'表面　　　　　(b) Sr/Si(100)-2×3表面

图 2.8　Sr/Si(100)的 STM 图像

温度高于 650 ℃ 时,退火后的表面会出现衬底 Si(100)-2×1 与纳米线状原子链并存的结构。首先延长 2×3 的退火时间,随着表面锶原子的进一步减少,衬底的 Si 原子会裸露出来,此时可以观察到 Sr/Si(100)-2×3 与 Si(100)-2×1 共存的情况;再进一步延长退火时间,随着锶原子覆盖度的进一步降低,Sr/Si(100)-2×3 再构消失,只余下一些长短不一的锶原子链在 Si 表面上,这些较短的锶原子链在连续的 STM 扫描过程中会出现明显的移动,如图 2.9 所示,表明此时锶与衬底的作用力较弱,在针尖诱导的电场力作用下会出现锶原子链发生明显移动的现象,这也意味着 Si 表面上的二聚体在这种低的覆盖度下依然保存完好,没有受到破坏。

(a) 不同表面结构并存的情况　　　(b) Sr原子短链移动现象

图 2.9　低覆盖度的 Sr/Si(100) 表面 STM 图像

2.5　高温 SrO／Si(100)表面随时间的变化

为了实时观察含氧表面随退火温度的变化情况,结合仪器特性,在高温下对该表面进行长时间连续扫描。通过逐渐改变样品温度,可以实现跟踪表面发生的详细过程。通过这种连续性的观察,发现该 1 nm 厚的 SrO 的表面形貌具有以下几个特征:

(1) 温度低于 500 ℃时,在设定的时间范围内,STM 图像上表面形貌基本没有出现任何变化。这表明在该温度下表面的原子移动非常慢,表面反应基本不发生。

(2) 温度在 500～550 ℃范围内,高温 STM 形貌随时间开始出现明显变化。总共会出现两次典型的情况:首先表面有一部分物质(图 2.10 中的亮点)逐渐逸出,然后整个层的材料逐渐形成比较平整的无定形状态(约需 4 h)。随着时间的推移,这层无明显结构的表面开始出现小孔,并且小孔逐渐长大(图 2.10i～r),直至该层无定形表面完全消失(图 2.10s,t)。在 STM 图像中可以看到表面无定形物消失后留下的平整表面。图 2.10 给出了该种变化的一系列典型图像。

对于 SrO 厚度为 0.5 nm 的样品,在退火的过程中,可以观察到更加清晰的变化,如图 2.11 所示。图 2.11a 是 500 ℃时的表面状态,此时的表面主要由较大的纳米颗粒组成,表面上不存在有序性。

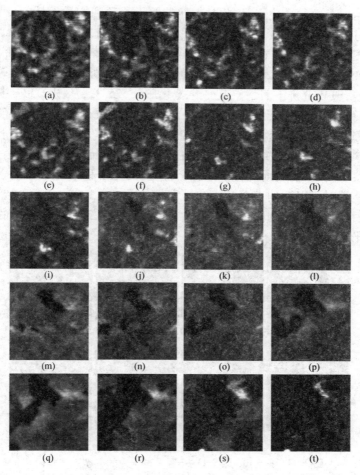

图 2.10　高温下 SrO/Si(100)表面的动态变化 STM 图像

图 2.11b 是退火温度升至 525 ℃时的状态,此时表面上开始出现分散的大小接近的小颗粒,在此温度下 1 h 后这些小颗粒开始向有序状态转变,如图 2.11c 所示,其中可以发现不同台面上的有序状态存在差异,一种台面上的有序平行于台阶(定义为 Ta),另一种台面上的有序垂直于台阶(定义为 Tb)。加热温度升至 540 ℃时,表面的变化更加明显,空态(图 2.11d)和占据态(图 2.11e)的图像都清晰

地给出表面的变化情况,此时表面的原子移动到能量较低的位置,而且表面出现大量长条形暗槽。温度继续上升至 550 ℃,1 h 后,从图 2. 11f 中可以看到,原来在 540 ℃时还能清晰分辨的台面,此时变得模糊起来,表明此时的表面原子移动加剧,由于时间的平均效应,STM 分辨不清楚。温度继续上升至 575 ℃,从图 2. 11g 中可以看到暗槽消失,台面变得很平,但观察不到原子级图像,Tb 台阶的原子移动很频繁,可以观察到部分 Tb 台面消失。温度继续上升至 590 ℃,从图 2. 11h 中可以看出,此时整个表面已经看不到之前温度下的暗槽,台面变得很平整,台阶处的原子移动非常频繁。降至室温时可以看到表面形成的是完整的 Sr/Si(100) − 2 × 3 结构。前后比较还注意到图 2. 11e,f,g 中的台阶比图 2. 11b,c,d 中的台阶平直许多。

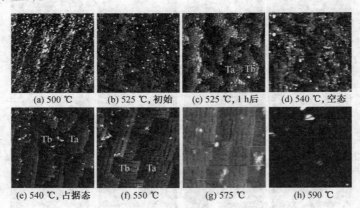

(a) 500 ℃   (b) 525 ℃,初始   (c) 525 ℃,1 h后   (d) 540 ℃,空态

(e) 540 ℃,占据态   (f) 550 ℃   (g) 575 ℃   (h) 590 ℃

图 2. 11　0. 5 nm 厚 SrO/Si 退火过程中的典型变化情况

特别值得注意的现象是,在图 2. 11b 的这种中间状态时,从图 2. 12 的扫描隧道谱中观察到此时的表面为典型的金属特性,意味着表面的硅原子出现了明显的断键重排,硅的悬挂键的存在贡献了费米面的电子态密度,从而说明此时的表面氧化物大大减少,表面主要是 Sr/Si 再构。

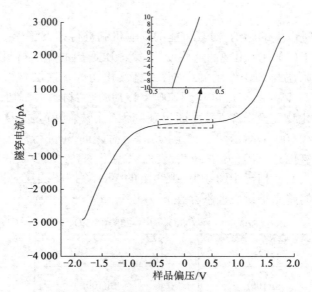

图 2.12　525 ℃高温下表面的扫描隧道谱
（插图为费米面附近的遂穿电流）

从上面这些现象可以总结出以下的去氧过程：

（1）当表面上 SrO 厚度不同时，表面的反应过程会有差异。对于较厚的 SrO(1 nm)，表面进行的反应过程，第一次逸出的那层材料应该是表面吸附层与 SrO 作用的产物，如氢氧化物等。这层材料与下层 Sr/Si/O 的结合不够紧密，当温度达到 500 ℃ 以后，该层材料分解留下 SrO，此时界面上的氧化程度增加，形成一个厚度在 1 nm 左右的 Si/Sr/O 层。当氢氧化物完全分解后，表面出现无定形材料 Si/Sr/O 层。在 550 ℃ 时，表面上的 Si 与 O 进行反应生成气态的一氧化硅(SiO)升华，在 STM 图像上表现为无定形膜的逐渐消失，当 O 全部消失后，表面剩下 Sr 与 Si 形成的原子级平整再构。

（2）当表面上的 SrO 厚度较薄(0.5 nm)时，由于界面上的硅氧化程度较低，剩下的这层 Sr/Si 表面进一步进行重排反应，在此过程中，O 与 Si 形成气态的 SiO 从表面逸出，在表面上留下明显的暗槽，最后当表面与界面处的 O 全部消失后，表面上剩下 Sr/Si

再构。

通过以上的归纳,对其可能的反应机制进行如下解释:

对于(1)中所出现的这些变化,第一次逸出的那层材料可能是表面吸附层与 SrO 作用的产物,如氢氧化物等。这层材料与下层的结合不够紧密,当温度达到 500 ℃ 以后,该层材料分解留下 SrO。当氢氧化物完全分解后,表面出现的无定形材料就是 SrO 层。该层 SrO 在 500 ℃ 时依然不稳定,其会与衬底的 Si 进行反应生成气态的一氧化硅(SiO)升华,最后表面只剩下 Sr 与 Si 形成的原子级平整的表面。相比于图 2.13 中给出的 Wei 等推测的反应模型,这里最大的差异是衬底上不存在 SiO_2 层。

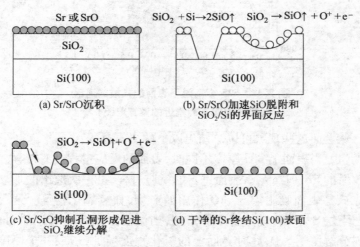

图 2.13 Sr/SrO 去除表面 SiO_2 形成平整原子级表面的机制

前人的文献虽然没有直接关于碱土金属氧化物在 Si 表面高温图像的报道,但是注意到 Wei 等利用 STM 证明,SrO 和金属锶与 Si(100)退火反应后都会产生相同的 Sr/Si 再构表面,如图 2.13 所示。锶与 SrO 对 Si 表面存在的原始二氧化硅(SiO_2)具有明显的催化降解作用,从而生成气态的氧化亚硅(SiO)。这个结论与上述的反应现象相符合。

在 XPS 测量加热的过程中,利用仪器配备的 RGA(残余气体分析仪,主要检测真空室里剩余的气体种类及比重)可观测到有大量分子量为 44 的气体分子逸出。符合这个分子量的有 CO_2 和 SiO 两种分子,而第一种分子的存在基本可以排除,这就论证了 SiO 的逸出情况。

2.6　结　论

　　XPS 的结果表明,对于 SrO/Si(100)体系,经过一定的高温退火处理后,SrO 会从非晶状态转化为晶化状态。连续的高温 STM 图像显示,超薄 SrO/Si(100) 在 500 ~ 600 ℃温度范围内存在两个典型的转变阶段:第一阶段,最外层的 $Sr(OH)_2$ 分解;第二阶段,SrO 通过与界面的 Si 相互作用生成气态的 SiO,最后表面形成亚单层厚度的 Sr/Si 结构,在 525 ℃的特定温度下,高温的表面表现出明显的金属特性状态。这一动态反应过程有助于加深对 SrO/Si 到 Sr/Si 转变的理解。

　　对于亚单层的 Sr/Si,通过控制时间可以分别获得 Sr/Si(100) – 2 × '1' 和 Sr/Si(100) – 2 × 3 两种典型再构表面。另外,退火时间延长到表面剩余的锶不足以覆盖整个表面时,表面上会形成一些锶原子链,这些原子链在 STM 扫描过程中会出现明显的移动现象,表明这种较短锶原子链与衬底的作用力较弱。在下面两章中将对 Sr/Si(100) – 2 × '1' 和 Sr/Si(100) – 2 × 3 两种再构表面分别进行更加详细的研究。

第 3 章　Sr/Si(100) - 2 × 3 表面的几何结构及初始氧化研究

3.1　引　言

　　20 世纪 90 年代至今,人们注意到不同的金属原子沉积到 Si(100) - 2 × 1 表面,经过一定的退火处理后,都会形成一类以 1 × 3 为基础的再构表面,其中比较典型的有以下几类:第一类,Ag/Si(100)再构表面体系;第二类,碱金属形成的 AE/Si(100) - 2 × 1 再构表面体系,如 Na,K,Li 等形成的 1 × 3 再构表面;第三类,碱土金属原子形成的 AEM/Si(100) - 2 × 3 再构表面体系,例如,Mg,Ca,Ba 等都会形成 2 × 3 的再构表面。

　　对于普遍关注的 Sr/Si(100) - 2 × 3 的几何与电子结构存在广泛的争议:Bakhtizin 等通过 STM 图像结果推论在其表面上的 3 × 方向上存在单个 Si 原子链,且这个原子链垂直于衬底的 Si 二聚物形成的原子链;相反地,基于光电子谱和 X 射线驻波的实验结果认为,第一层的 Si 衬底原子都是二聚化的状态,并不存在单个的 Si 原子链。他们提出的结构模型认为,Sr 原子直接吸附在 Si(100) - 2 × 1 衬底上,并且 Si(100) - 2 × 1 的再构情况没有发生任何变化。然而大量的理论结果表明,以上的模型并不能描述 2 × 3 结构的真实特性。

　　从前人的报道中可以知道,对于高介电常数氧化物在 Si 上的生长来说,界面处 Si 的氧化与否起到很大作用。对于 Si(100) - 2 × 1 的初始氧化情况,人们已经进行了比较深入的研究。几种可能的氧化位如支撑位(Backbond Site)、二聚物的桥位(Dimer Bridge

Site)及顶戴位(On-Top Site)已经被提出,在这 3 种吸附位中,支撑位处氧的吸附能最低,被认为是优先吸附位;除了以上几种吸附位外,Yu 等通过分析初始时观察到的亮点,结合理论计算,认为还存在另外一种氧化情况:氧化时 Si 的二聚物会从表面层跳出形成单个氧原子从而参与单个二聚物空位这种氧化结构。在有 Sr 存在的 Si(100)－2×3 结构下,人们对表面初始氧化情况还很不清楚。

　　基于以上这些问题,对 Sr/Si(100)－2×3 表面的结构及其初始氧化结构进行详细的研究,提出合理的结构模型。除此之外,还对表面上的原始缺陷的吸附情况及电子态进行初步的研究。

3.2　实验及理论计算方法

3.2.1　实验方法

　　采用脉冲激光沉积,在干净的 Si(100)－2×1 衬底上沉积厚度为 1 nm 左右的 SrO(用时 1 min 左右),沉积过程中衬底保持在室温,真空度维持在 10^{-6} Pa 量级。然后对样品进行高温退火(550 ℃ 以上,30 min)处理,通过将表面的氧与衬底的 Si 反应生成气态的氧化亚硅,从而获得再构完整的 Sr/Si(100)－2×3 表面。

　　在获得干净完整的 Sr/Si(100)－2×3 表面后,利用高真空微漏阀向该表面通入高纯的分子氧(纯度为 99.999%),通气时的真空度维持在 $1×10^{-7}～1×10^{-6}$ Pa,最多的氧通量控制在 25 Langmuir(朗谬尔),最少的氧通量控制在 0.06 Langmuir。

3.2.2　理论计算

　　理论计算是建立在基于 PBE 近似下的密度泛函理论(DFT)(非简并体系的基态能量、波函数和其他物理量均可表示成基态电子密度的独特泛函),利用建立在 Vanderbilt 超软赝势和平面波基矢基础上的维也纳从头计算模拟包(VASP)进行模拟。

　　为了给出 Sr/Si(100)－2×3 表面可能的几何结构,在计算中采用两种不同的 Si 衬底,一种基于 Si(100)－2×1,另一种基于 Si(100)－3×1,后一种情况是考虑到高温退火过程中表面的 Si 原子可能会发生重构。对于 Sr 的覆盖度情况,综合前人的不同结果,考虑 1/6 单层和 1/3 单层两种情况进行结构优化。衬底的模拟采用层状的 Si,总共由 10 层 Si 原子组成。底部 Si 原子的悬挂键利用氢原子进行饱和,以消除影响。在模拟过程中采用周期性的边界条件,真空层为 15 Å,Si 的键长采用体材料的 5.43 Å。平面波的截止能量为 250 eV,另外布里渊区的倒格基矢选取为 $4 \times 4 \times 1$ 倒格点。在结构优化过程中,最低的两层 Si 原子被固定在初始位,其余的原子进行预驰,直到所有原子之间的相互作用力小于 0.01 eV/Å。优化结构之后,表面电子带结构也可以计算出来。利用 Tersoff-Hamann 近似方法进行 STM 图像的模拟。

在对 Sr/Si(100) − 2×3 表面初始氧化位的理论模拟中,采用 6 层的 Si 原子,中间真空层的厚度为 25 Å。为了将吸附过程中氧分子之间相互作用的可能降到最低,单胞选取分两种情况,分别为 2×2 和 3×3,其中第一种用来模拟单分子的情况,第二种用来模拟两个氧分子吸附的情况。底部 Si 原子的悬挂键也用氢原子进行饱和。为了测试自由的氧分子情况,分别采用 250 eV 和 400 eV 计算单重态和三重态氧分子所对应的键长和能量差别,结果显示,其对应的键长分别为 1.32 Å 和 1.24 Å,能量分别为 0.98 eV 和 1.07 eV,解离能分别为 6.03 eV 和 6.74 eV。计算中采用非极化的自旋,层状模型中除了最低层的 Si 和氢外,所有的原子都得到优化,最后所有原子之间的作用力小于 0.02 eV/Å。

3.3 Sr / Si(100) − 2×3 表面的电子和几何结构

3.3.1 Sr/Si(100) − 2×3 表面 STM 特征

相比于 Sr/Si(100) − 2×1 和更低覆盖度下的 Sr 原子链,Sr/Si(100) − 2×3 可以形成非常完整的表面,具有两种典型的再构方向,通过与部分露出的 Si(100) − 2×1 对比,确认 Sr/Si(100) − 2×3 再构方向分别为 $[0\bar{1}1]$ 和 $[011]$。图 3.1 给出了一个较大范围的 STM 形貌像,插图显示了放大部分的变偏压图像。其中,图 3.1a

为大尺度 Sr/Si(100)－2×3 STM 图像,显示 Sr/Si(100)－2×3 表面具有偏压依赖性;图 3.1b 为 Sr/Si(100)－2×3 与 Si(100)－2×1 共存区域的 STM 图像;图 3.1c,d,e 分别为 Sr/Si(100)－2×3 区域的 STM 图像、CITS 图像和 dI/dV 拓扑像。

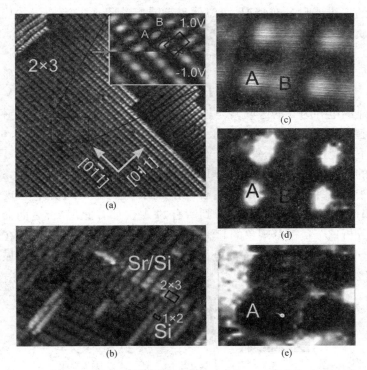

图 3.1　Sr/Si(100)－2×3 的图像偏压依赖性及电子态密度空间分布的典型图

注意到 Sr/Si(100)－2×3 空态的 STM 图像中,每一个单胞里面都包含两种类型的凸起物,分别用 A 和 B 表示。在低的空态偏压(1.0 V)下,凸起 A 比凸起 B 亮得多;在高的偏压下,凸起 A 和凸起 B 的亮度出现明显的转换,并且凸起 B 的形状由椭圆形变为接近圆形。在低的填充态下(－1.0 V)只能观察到凸起 B,填充态下的凸起 B 随偏压也有轻微的依赖性,在插图中画出了单个的 2×3 单胞。从图 3.1b 中能够明显地看到,在 Sr/Si(100)－2×3 中2×

方向明显平行于衬底的 Si(100)－2×1 的二聚物链方向,而 3× 方向垂直于二聚物形成的链方向,与前人的 STM 结果相一致。凸起 A 和 B 不同的偏压依赖性表明它们的电子结构应该有很大的不同。因此,通过高分辨的 d*I*/d*V* 成像技术获取凸起 A 和 B 在 1.1 V 时的二维能量分布情况,可以明显地看出凸起 A 具有明显的局域性质。图 3.1d 给出的是 0.9 V 的电流成像隧穿谱的情况。

3.3.2 *I*－*V* 和 d*I*/d*V* 特性

从图 3.2 中可以直接看出凸起 A 和 B 的电子态存在明显差异。在图 3.2a 中,对于两条 *I*－*V* 曲线来说,从 －0.6 V 到 0.2 V 是明显的电导为 0 的区域,表明这个重构表面是明显的半导体特性。凸起 A 和 B 在 *I*－*V* 曲线上最突出的差异在 0.2～1.2 V 及 －0.6 V 以下的范围内,在 0.2～1.2 V 这段区域中,A 处的电流明显高于 B 处的电流。这一特征从图 3.1d 中可以非常直观地看出来。另外,对于 A 位来说,在 1.0 V 左右还出现了明显的负微分电导现象(NDR),从图 3.1e 中可以看到所有的 A 位都有此现象,后面会仔细分析这个负微分现象的起源,其主要是由吸附 Sr 原子之后,在 Sr 与 Si 原子之间出现表面的电荷转移,增强了表面 Si 原子的局域态密度(LDOS)所引起的。

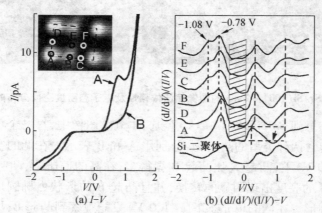

图 3.2 实验获得的 Sr/Si(100)－2×3 表面不同特征位置的电子态密度

在图 3.2b 中,给出了一个单胞内一系列不同特征位处的微分电导曲线,这些曲线反映了处在特定位置处的局域态密度(LDOS)。在占据态时,对于 A 和 D 位,只有峰位中心在 -0.65 eV 的单个峰,而其余位置的占据态态密度中除了以上的峰位(-0.78 eV)外,还有另外一个在 -1.08 eV 处的峰出现。空态时 A 位的峰位中心位于 0.21 eV,相对于其他峰峰移 0.11 eV 左右。

3.3.3　Sr/Si(100)-2×3 表面的几何结构与电子之间的相互关联

为了深入理解以上的实验结果,进行第一性原理计算。

早期,Bakhtizin 等通过分析 STM 图像认为 Sr/Si(100)-2×3 表面第一层的 Si 原子采取(3×1)的构型。在这种构型中,存在两种不同价键结构的 Si:单个 Si 原子链与二聚化 Si 双原子链交错排布,其中 Si 的双原子链与单原子链都沿着 3× 方向排列。可是,Herrera 等的 XPS 结果发现所有的第一层 Si 原子都采取二聚化的结构,基于此,他们推出了一个结构模型直接建立在 Si(100)-2×1 的基础上。为了检验上述两种模型是否反映 Sr/Si(100)-2×3 真实的表面结构,在计算中,先把 Sr 原子分别放在这两种类型的 Si 衬底上进行模拟。通过计算发现,不论是 1/6 单层还是 1/3 单层的 Sr 原子吸附在 Si(100)-3×1 上时,二者都给出金属性的表面结果;另外,那些 Sr 原子吸附在 Si(100)-2×1 上的计算结果显示的大部分是半导体性质。考虑到实验中测得的表面是半导体性质,金属性质的模型可被排除掉。对于半导体性质的模型,计算电子局域态密度后,令人遗憾的是,不论是电子结构还是模拟的 STM 图像都无法和实验的结果对应起来。这些计算结果表明先前提出的 Sr 原子直接吸附在 2×1 和 3×1-Si 衬底上的模型并不能反映 Sr/Si(100)-2×3 表面真实的几何结构。

在 Sr/Si(100)-2×3 与 Si(100)-2×1 共存的 STM 图像中,已经注意到 Sr/Si(100)-2×3 的 3× 方向垂直于 Si(100)的 2× 方向,这就表明在形成 Sr/Si(100)-2×3 再构表面的过程中,表面的单个硅原子可能会重新成键,故考虑另外一种结构模型:单原子链中的 Si

原子形成二聚物,在图 3.3 中给出了优化后的结构模型。观察发现在一个 2×3 单胞内总共存在 3 种 Si 二聚物,分别命名为 d_{2-3},d_{4-5},d_{6-7}。表 3.1 中给出了三者的键长、键的倾斜角的情况。在干净的 Si (100) −2×1 中,Si 二聚体的键长为 2.35 Å,倾斜角为 17.5°,在现有模型中,Si 二聚体 d_{2-3} 的键长明显缩短为 2.21 Å,而 Si 二聚体 d_{6-7} 的键长变为 2.49 Å。Si 二聚体 d_{4-5} 则没有明显的变化。

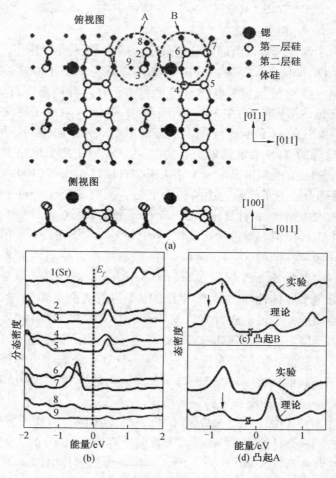

图 3.3　Sr/Si(100) −2 ×3 的结构模型及理论与实验电子态密度结果

表 3.1　计算的 Sr/Si(100)-2×3 中 Si 二聚体的键长和倾斜角

二聚体	键长/Å	倾斜角/(°)
d_{2-3}	2.21	13.3
d_{4-5}	2.35	14.1
d_{6-7}	2.49	3.8

　　进一步的电子带边计算结构表明,这种结构模型具有半导体性质,能隙约为 0.48 eV,小于实验观察到的 0.8 eV(通常理论计算出来的能隙都比实验值小 1/3)。通过计算上述结构模型的电子态密度,发现 Si 二聚体 d_{2-3} 及第二层的 8 号和 9 号 Si 原子的态密度明显符合实验中的凸起 A 位的态密度情况:Si 二聚体 d_{2-3} 的悬键态的 π 键及 7 号和 8 号支撑原子的支撑键与凸起 A 位的 -0.7 eV 的单峰相对应,Si 二聚体 d_{2-3} 的悬键态的反 π 键对应于凸起 A 位空态下的峰。Sr 原子的局域态密度与凸起 B 位明显符合。

　　在这里注意到 Si 二聚体 d_{2-3} 贡献出来的强空态态密度非常类似于下面一种情况:在干净 Si(100)-2×1 表面上 B 型台阶处 Si 原子出现重新成键的现象,这种成键明显地增强了空态下的态密度,因此在台阶处出现负微分现象。非常有趣的是,实验结果中负微分的峰值在 1.0 eV 左右,与 B 型 Si 台阶上出现的峰值非常接近,这表明在 Sr/Si(100)-2×3 结构中,Si 原子 2 和 3 形成的二聚体与干净 Si 表面 B 型台阶的再成键具有相似的特性。因此,前面观察到的负微分现象可以归因于 2 号与 3 号 Si 原子的二聚化。

　　从上面的分析来看,图 3.3 中提出的 Sr/Si(100)-2×3 几何结构图较好地符合了实验结果,表明该模型是合理的。尽管获取的理论电子结构与实验电子结构非常吻合,但实验中的峰和理论相比还是具有明显的展宽,主要原因有两点:一方面,在室温下表面原子在平衡位置附近快速振动,非常类似于干净 Si(100) 表面二聚体来回跳跃的情形,从而导致构型的频繁转变;另一方面,由于每一条隧穿谱的获得时间为 4 s,时间的平均效应也会导致峰的展宽。

图 3.4 进一步给出了理论计算的 STM 模拟图像。通过与实验图像的对比,注意到实验图像的主要特征基本可以模拟出来。模拟图像是低偏压的空态图像,主要亮点集中在 Si 二聚体 d_{2-3},与凸起 A 相吻合,而在空态的高偏压主要由 Sr 原子贡献,与凸起 B 较吻合。

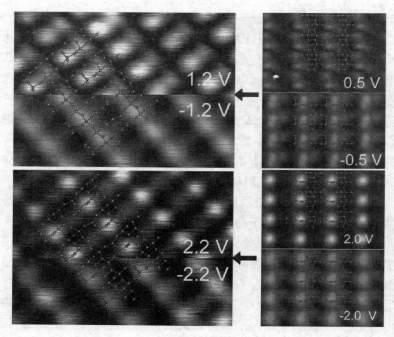

图 3.4 理论计算的 STM 模拟图像与实验图像的对比

Reiner 等利用 HREED 和第一性原理计算提出了 Sr/Si(100) − 2 × 3 的结构模型(图 3.5),与笔者提出的 Sr/Si(100) − 2 × 3 结构模型非常接近,从另外一个方面证实了在高温退火形成 2 × 3 再构表面的过程中,表面 Si 原子确实进行了重排这一本征现象。

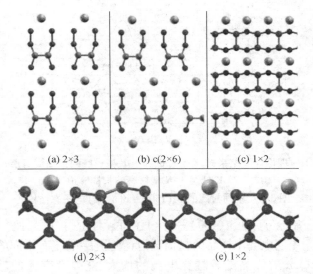

(a) 2×3　　　(b) c(2×6)　　　(c) 1×2

(d) 2×3　　　　　(e) 1×2

图 3.5　Sr/Si(100) −2×3 和 Sr/Si(100) −1×2 的结构模型图
(这两种模型中表面的 Si 原子依然以二聚体的形式存在)

3.3.4　Sr/Si(100) −2×3 电子态变温结果

从上一部分的结果可知,对于 Sr/Si(100) −2×3 表面,第一层的硅原子依然以二聚体的形式存在,为了进一步观察该表面电子态的特性,了解 Sr/Si(100) −2×3 表面与 Si(100) −2×1 的异同,进行该表面的变温实验。

作为对比,先观察 Si(100) −2×1 表面变温的电子态特征,归纳起来主要包括:

(1) 由于表面硅二聚体的存在,该表面表现为典型的半导体特性,室温下具有 0.8 eV 左右的能隙。

(2) 对于不同掺杂类型的 Si(100) −2×1,对于低温下的稳定结构 c(4×2),其 N 型样品的费米面靠近价带顶,P 型样品的费米面靠近导带底(图 3.6 显示了这一结果)。

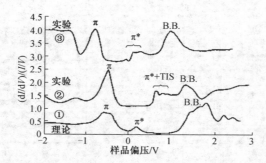

①—理论计算结果;②—5 K 低温下 P 型衬底的扫描隧道谱;

③—77 K 低温下 N 型衬底的扫描隧道谱

图 3.6　不同衬底的 Si(100) – c(4 × 2)电子态结构

（3）对于 N 型 Si(100) – 2 × 1 衬底,对于另外一种稳定结构 p(2 × 2),不同电导率样品的扫描隧道谱随隧穿电流有不同的变化:0.01 Ω·cm 的样品随着隧穿电流的增大,能隙有变大的趋势,而 0.001 Ω·cm 的样品则没有这种变化(图 3.7 显示了这一结果)。

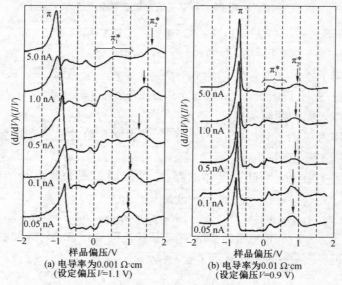

图 3.7　6 K 低温下 N 型 Si(100) – 2 × 1 不同掺杂浓度的电子态随电流的变化情况

对于 0.01 Ω·cm 的样品发生峰移的原因,K. Sagisaka 解释为由针尖诱导的带偏移所致;而 0.001 Ω·cm 的样品没有发生峰移的原因,是高掺杂导致此时的硅为简并半导体,降低温度时,其体材料的导电性类似于金属。

(4)费米面附近典型的电子态有第一层二聚体硅原子悬挂键对应的 π 和反 π* 键,支撑原子对应的 σ 和 σ* 键,另外在空态有时还能观察到针尖电场诱导态的存在。

下面来看 Sr/Si(100)－2×3 表面变温的电子态情况,图 3.8 给出了获得的结果:

(1)室温下,对于 N 型衬底(Si 的电导率为 0.005 Ω·cm)的样品,随着隧穿电流由 10 pA 增加至 200 pA(偏压为 2.0 V),扫描隧道谱中的能隙逐渐变小,此时针尖与样品的距离在减小(图 3.8a);对于 P 型衬底(Si 的电导率为 10 Ω·cm)的样品,在相同的隧穿电流(100 pA)条件下,能隙随着电场的增加而变大,针尖与样品的距离越近,扫描隧道谱中的能隙越小(图 3.8b)。这表明两种导电类型的样品具有同样的规律。

(2)当温度降低至 160 K 的低温时,如图 3.8c 所示,对于 N 型衬底(Si 的电导率为 0.005 Ω·cm)的样品保持相同的隧穿电流(设定为 50 pA),样品偏压由 -1.5 V 增加至 -3.0 V 时,能隙逐渐变大,最为典型的变化是占据态靠近费米面的峰位由 -1.08 eV 移至 -1.42 eV。由此可以知道,在 160 K 时,表面的能隙随着针尖与样品距离的增大而变大。

(3)当温度再降低至 76 K 的低温时,如图 3.8d 所示,对于 N 型衬底(Si 的电导率为 0.005 Ω·cm)的样品,上述现象依然存在,发生移动的为空态的峰,另外此时靠近费米面的两个峰(室温下峰值分别在 -0.8 eV 和 0.5 eV)的高度明显减弱,只有在隧穿电流很大(500 pA)时才能观察到。

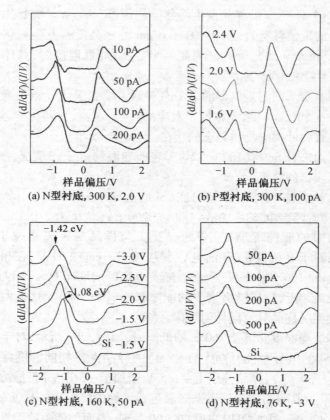

图 3.8　Sr/Si(100) −2 ×3 变温扫描隧道谱的结果

　　以上观察到的现象表明,尽管此时的表面存在锶原子,但由于 Si 的二聚体依然存在,对于 Sr/Si(100) −2 ×3 表面来说,依然会出现针尖电场诱导的带偏移现象。

　　3.3.5　Sr/Si(100) −2×6 及 2×3 的极低偏压图像

　　实验中除了观察到典型的 2×3 结构外,在某些区域还观察到如图 3.9 所示的结构,在 1.5 V 的空态偏压下这种结构与 Si(100) −2 ×4 非常类似,都是由 zigzag 原子链排列构成的。仔细分析其单胞长度,笔者认为这是一种 Sr/Si(100) −2 ×6 的结构,其再构的主要结构是每隔一列 Sr 原子的位置相对于原来的 2 ×3 位移半个周期。在空态高偏压(2.5 V)和占据态的图像中,2×6 和 2×3 具有相同的亮点位置,原来错开的那一列基本看不到,显示二者本质上是相同的结构。

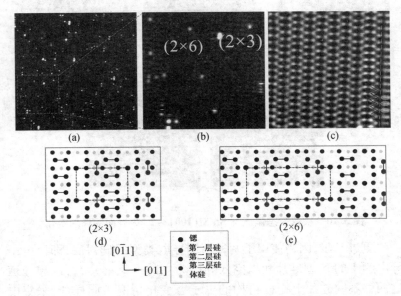

(a)　　　　　　　(b)　　　　　　　(c)

(2×3)　(d)

● 锶
● 第一层硅
● 第二层硅
● 第三层硅
● 体硅

(2×6)　(e)

$[01\bar{1}]$

$[011]$

图 3.9　Sr/Si(100) −2×3 与 2×6 共存的区域

在实验中,除了以上观察到的典型图像偏压依赖性以外,还观察到在极低偏压下,比如图 3.10a 所示的 0.8 V 空态图像中,可以明显看到 STM 图像中出现类似于波浪形的结构,相对于高偏压(1.3 V)时,低偏压的图像中亮点的位置发生了接近半个周期的移动,可能是由于在靠近价带底的扫描偏压下,表面表现出来的一种电子结构相变,具体的机制还需要进一步探求。另外,从图 3.10 中还能看到,在 0.8 V 这种低的空态偏压下,该再构表面还出现了几块明显的类似畴界的现象,而在 1.3 V 的空态偏压下,这种现象变得很弱,畴界的边缘主要是由缺陷围成的,有些类似于量子围栏形成的驻波结构,从低偏压的图像上可以看到畴界两边最亮的点发生了转移。

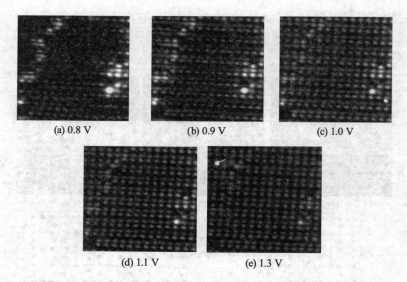

(a) 0.8 V   (b) 0.9 V   (c) 1.0 V

(d) 1.1 V   (e) 1.3 V

图 3.10　极低空态偏压下 Sr/Si(100) −2×3 表面图像的变化

　　更进一步,因为使用了两种不同导电类型的硅衬底,即以电子导电为主的 N 型硅片和以空穴导电为主的 P 型硅片,所以想知道这两种不同硅片上锶硅再构的电子态变化情况。同样地,采集电流－电压曲线,并通过数值计算得出费米面附近的态密度情况,如图 3.11 所示。同裸的硅片表面态密度对比,空态的锶硅再构表面态密度相对于硅衬底移了 0.3 eV,这意味着锶吸附到硅表面后,金属锶原子将会向硅衬底转移电荷,从而形成稳定的 Sr/Si(100) −2×3 再构表面。而表面第一层的硅二聚体接受锶原子转移来的电荷后,一个单元内部的硅二聚体将会从原来的倾斜结构转变成非倾斜结构。在占据态的态密度上,N 型的硅衬底上 Sr/Si(100) −2×3 再构表面出现一个显著的 −1.7 eV 的态密度峰,意味着第三层的硅原子贡献出很强的支撑键,而 P 型的硅衬底上,占据态的峰值出现在 −0.8 eV 左右,意味着第一层和第二层的硅原子贡献的悬键态起主要贡献。

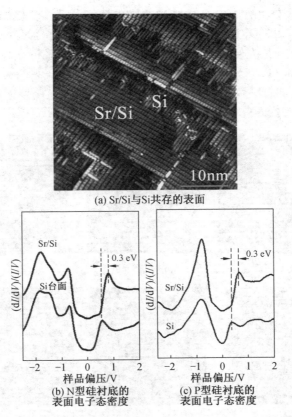

(a) Sr/Si 与 Si 共存的表面

(b) N 型硅衬底的
表面电子态密度

(c) P 型硅衬底的
表面电子态密度

图 3.11   不同硅衬底类型下 Sr/Si(100) – 2 × 3 再构表面的电子态变化情况

3.4   Sr / Si(100) – 2 × 3 表面的初始氧化及其结构

3.4.1   Sr/Si(100) – 2 × 3 表面氧化及还原过程

图 3.12a ~ e 显示了 Sr/Si(100) – 2 × 3 表面动态氧化过程。图 3.12a 中台面上的亮点是在通氧前已经存在的一些缺陷,在给这个表面通氧气(气压维持在 $1 × 10^{-6}$ Pa)的同时进行扫描,可以看到整个表面逐渐被氧诱导的亮点覆盖,当氧的覆盖度达到 15 Langmuir 时,表面完全被吸附的氧分子破坏,显示室温下 2 × 3 表面通

氧后无法获得有序的氧化结构。这也证实了 2×3 表面不能作为外延生长 SrTiO₃ 的缓冲层。虽然该表面很易氧化,但是注意到这时形成的氧化层在原位退火下可以去掉(退火温度维持在 1 000 K,用时在 3 min 以上),经过退火后表面可以恢复到原来的大范围有序性(图 3.12f)。这也进一步证实了利用 SrO 作为蒸发源材料同样可以获得干净 Sr/Si(100)的再构表面。

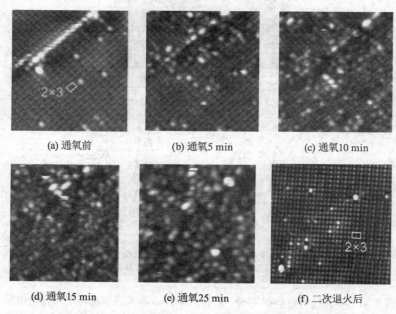

(a) 通氧前　　　　　　　(b) 通氧5 min　　　　　　(c) 通氧10 min

(d) 通氧15 min　　　　　(e) 通氧25 min　　　　　(f) 二次退火后

图 3.12　Sr/Si(100) − 2 ×3 表面动态氧化过程

3.4.2　氧的初始吸附和氧化位

为了更加深入地理解初始氧化的过程,测量了更低覆盖度下氧的吸附和氧化位。图 3.13a,b 分别是通氧前干净表面的占据态及空态图像,原始的表面缺陷用箭头标志。图 3.13c ~ h 给出了氧化过程中一系列不同低覆盖度下的动态双偏压图像,测量条件分别为 −2.0 V,50 pA 和 2.0 V,50 pA,图像大小 10 nm 见方,氧气的分压强为 1.0×10^{-7} Pa。当表面通氧后,初始状态下观察到至少 4 种典型特征:点线圆型(定义为特征 f_1)、点线方型(定义

为特征 f_2)、实线圆型(定义为特征 f_3)、实线方型(定义为特征 f_4)。在占据态的图像(图 3.13c,e,g)中,特征 f_1 和 f_2 表现为暗的原点或暗条;在空态的图像(图 3.13d,f,h)中,特征 f_1 和 f_2 与周围的差别并不明显。特征 f_3 和 f_4 在占据态时与 f_1 和 f_2 很相似,然而在空态时二者却表现为非常明显的亮点。图 3.13 中用实线椭圆标志的是一对连在一起的暗点(通过测量态密度后证实)。以上这些不同的特征给出了 Sr/Si(100)−2×3 表面氧分子的初始吸附和氧化位。

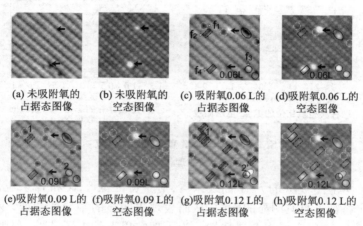

(a) 未吸附氧的占据态图像　(b) 未吸附氧的空态图像　(c) 吸附氧0.06 L的占据态图像　(d)吸附氧0.06 L的空态图像

(e)吸附氧0.09 L的占据态图像　(f)吸附氧0.09 L的空态图像　(g)吸附氧0.12 L的占据态图像　(h)吸附氧0.12 L的空态图像

图 3.13　Sr/Si(100)−2×3 表面通氧变化图

另外,在氧通量增加时,以上这些氧化状态还能相互变化:最显著的是 f_1 可以转化为 f_4(图 3.13e,f 中的 1 及图 3.13g,h 中的 1',图 3.13f,h 中未标出)。特征的相互转化可以认为是在那个氧的吸附位上再吸附一个氧分子造成的。通过以上观察,可以认为在初始氧化阶段,f_1,f_2 和 f_3 是单分子型的氧化吸附位,而 f_4 是双分子型的氧化吸附位。

在更高的覆盖度时还能观察到其他特征的出现,比如在图 3.13 中标志 2'的地方在两种偏压下都表现为亮点。这个特征是由 f_3 演化而来的。这一过程中可能有更多的氧分子参与,从而导致亮点由原来的 2 向 2'移动。

进一步测量这 4 种典型氧化位的电流 – 电压($I-V$)曲线及它们相应的归一化电导曲线,如图 3.14 所示。

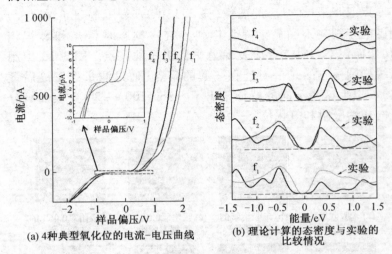

(a) 4种典型氧化位的电流-电压曲线　　(b) 理论计算的态密度与实验的比较情况

图 3.14　Sr/Si(100) -2×3 表面氧化的电流 – 电压曲线以及态密度的理论和实验结果

从图 3.14a 的 $I-V$ 曲线来看,对于特征位 f_1,f_2 和 f_3 来说,这 3 个特征点具有明显的能隙,从而表现出明显的半导体特征,令人惊奇的是 f_4 表现为金属特性。为了理解以上的电子特性,利用经过实验和理论证实的 Sr/Si(100) -2×3 结构模型进行第一性原理的理论计算来决定氧的初始吸附位。根据图形特征,总共计算了 7 种单分子氧化情况,对于双分子的氧化,则进行了 3 种模型的计算。在图 3.14b 中给出了理论与实验结果的比较情况,从中可以看出单分子吸附的 f_1,f_2,f_3 理论结果和实验结果的峰位符合得很好,双分子吸附的 f_4 金属在理论计算结果中也能符合得较好。根据以上情况,在图 3.14 中给出了结合理论结果后认为合理的结构模型。

对于观察到的特征位 f_1,通过理论模型注意到氧分子与 Sr 原子有一定的化学吸附特征,氧分子的键长由原来的 1.32 Å 变为 1.44 Å,Sr 原子的高度相对于优化前的位置升高了 0.6 Å,意味着

Sr 和氧原子之间发生了电荷转移的现象,在 Sr/Si(100)－2×3 结构模型中,原本平的 Si 二聚体 d_{6-7} 恢复为高低不等型,并且其键长也变回 2.35 Å,而 Si 二聚体 d_{4-5} 并没有发生明显的变化。对于特征位 f_2 来说,氧分子吸附后分解为两个氧原子,与二聚体 d_{6-7} 中的两个 Si 原子分别成键,其 Si—O 键键长分别为 1.64 Å 和 1.58 Å,其余的 Si 二聚体的键长和倾斜角变化不大。对于特征位 f_3 来说,氧分子也是解离吸附在 Si 二聚体 d_{2-3} 的两个 Si 原子上,并且这个二聚体断开成单独的 Si 原子,这两个 Si 原子的距离由原来的 2.21 Å 变为 2.54 Å,原本平的二聚体 d_{6-7} 恢复为高低状,键长和倾斜角分别为 2.36 Å 和 21.3°。以上的这些结果归结在表 3.2 中。

表 3.2　单分子氧化的 3 种氧化位的 Si 二聚体键长和倾斜角的变化情况

Si 二聚体	f_1		f_2		f_3	
	键长/Å	倾斜角/(°)	键长/Å	倾斜角/(°)	键长/Å	倾斜角/(°)
d_{2-3}	2.21	14.8	2.21	10.2	断	
d_{4-5}	2.35	13.3	2.35	15.8	2.35	16.6
d_{6-7}	2.35	10.7	2.45	3.8	2.36	21.3

考虑到 f_4 可以由 f_1 演变而来,认为这个特征位可能含有不止一个氧分子。当考虑两个氧分子氧化的情况时,总共进行了 3 种不同位置的计算,一个大的计算单胞中包含 3×3 个小的 Sr/Si (100)－2×3 单胞。比较理论与实验的电子结构后,在图 3.15 中给出了一个可能的双分子氧化结构模型,在这个结构模型中,Sr 原子、Si 二聚体 d_{2-3} 和 d_{6-7} 都被考虑到,并且可以看到二聚体 d_{2-3} 和 Sr 原子有很大的位置移动。在 2×方向上的两个 Sr 原子的距离由原来的 7.68 Å 缩短为 4.62 Å,其中移动最大的 Sr 原子竖直方向抬升了大约 1 Å。这种明显的位移在解释空态图像中 f_4 表现为明显的亮点,此时由于位置的关系 Sr 原子对成像起主要作用。

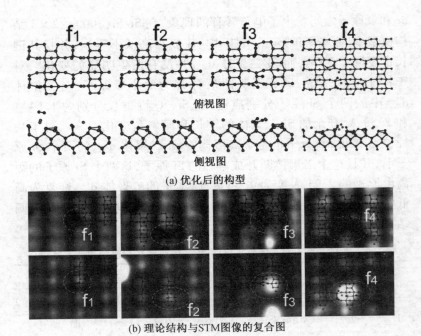

俯视图

侧视图

(a) 优化后的构型

(b) 理论结构与STM图像的复合图

图 3.15 Sr/Si(100) − 2 × 3 再构表面初始氧化时 4 种典型氧化位的理论模型

在 Sr/Si(100) − 2 × 3 表面的初始氧化中,注意到所有的这 4 种氧化位都位于顶戴位,并不像干净的 Si(100) − 2 × 1 表面氧化时初始位为支撑原子位。因此,笔者认为 Sr/Si(100) − 2 × 3 表面的 Sr 原子在氧化的初始阶段扮演了非常重要的角色,Sr 的存在阻止了支撑 Si 原子的氧化。另外,f_4 氧化位的金属特性是由氧化后表面处的 Si 发生较大重构,加上 Sr 原子位置提升使其金属性质得到体现所致。

3.5 Sr / Si(100) − 2 × 3 干净表面的原始缺陷及其电子态

对于刚刚制备出来的 Sr/Si(100) − 2 × 3 表面来说,虽然能看到大面积的整齐的再构原子链,但即使是在现有的超高真空条件下,真空室里依然存在着少量的气体,其中最主要的是水分子和氢气分子,从前人对干净 Si(100) − 2 × 1 表面的研究可以知道,氢气分子在 Si 二聚体的悬挂键上的吸附并不是很强,反而是水分子在 Si 二聚体上会出现吸附,且水的一种吸附构型(C-Type Defect)会表现出明显的金属特性。从上面的结果可知,在 Sr/Si(100) − 2 × 3 表面上也存在 Si 二聚体,因此可以对干净表面上的这些原始点缺陷进行仔细分析。

　　图 3.16a 给出了比较完整的 Sr/Si(100) − 2 × 3 大尺度填充态图像,从图中可以看出,初始台面上的缺陷基本上是同一种类型,在大尺度图像中基本表现为两个暗点加中间的一个亮点。为了更加清楚地了解其随偏压的变化关系,选择其中一个缺陷获取其典型的 8 个偏压高分辨图像(图 3.16b),在空态 1.0 V 偏压时,缺陷中间和周围完整的结构亮度基本一致,然而在高的偏压(1.8 V, 2.0 V, 2.2 V)时则表现为一个明显的亮点,填充态的 − 1.0 V 偏压下,中间表现为明显的暗点,而在另外 3 个偏压(− 1.8 V, − 2.0 V, − 2.2 V)下,该暗点位置则表现为明显的凸起。

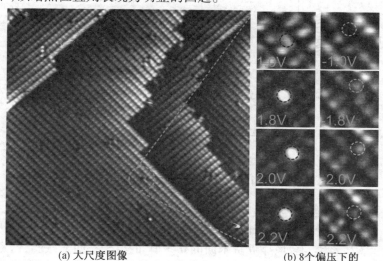

(a) 大尺度图像　　　　　　　　　(b) 8个偏压下的
　　　　　　　　　　　　　　　　单个缺陷放大图

图 3.16　Sr/Si(100) − 2 × 3 表面典型缺陷

在超高真空条件下,真空室里的残余气体分子主要是 H_2 和 H_2O。如果是 H_2 吸附到表面上,很难形成这种典型的不对称缺陷形貌;而如果是 H_2O 吸附,其本身的非对称结构完全可以形成这种不对称缺陷形貌。在完整的 Sr/Si(100) – 2×3 几何结构图中,每一个单胞里包含一个 Sr 原子,且高偏压下的空态图像亮点在 Sr 原子位置上,这种缺陷位置的亮点恰恰在 Sr 原子上,基于此,推测水分子吸附到两个 Sr 原子上,并且水分子迅速分解为羟基和单个氢原子,二者分别与 Sr 原子作用,表现在图像上是 Sr 原子位一个亮一个暗。

为了进一步理解此种缺陷的性质,采集了这种缺陷的电流 – 电压曲线,通过数字微分后得到费米面附近电子态密度的分布情况,如图 3.17 所示。

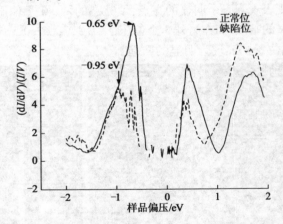

图 3.17 Sr/Si(100) – 2×3 表面缺陷的电子态分布

通过与正常位的电子态进行对比后,可以看到:

(1)该种缺陷存在能隙,依然为半导体特性。

(2)空态上,最靠近费米面的 0.5 eV 的电子态明显减弱,这意味着硅悬挂键减弱;1.5 eV 对应的支撑键明显增强,这与在空态 STM 图像上观察到的现象非常吻合。

(3)占据态上,和正常表面相比,缺陷位悬挂键的态密度大大降低,其峰高只有正常位的 1/2,且缺陷位的峰值由正常位的－0.65 eV 移动至－0.95 eV,移动量为 0.3 eV,这与在干净表面上获得的填充态双峰间隔 0.3 eV 相同。

以上这些数据表明,表面缺陷的电子态和 STM 图像与正常位相比都有较大的变化。

3.6　结　论

本章主要通过高分辨的 STM/STS 及理论计算对 Sr/Si(100)－2×3 表面的几何和电子结构进行了研究。

通过将实验获得的高分辨的态密度曲线与理论计算结果相比较后,提出了合理的 Sr/Si(100)－2×3 表面原子排列模型。注意到为了形成稳定的 2×3 结构,表面原子在高温重构的过程中,衬底的一部分 Si 二聚体断裂重排,Sr 原子与这些重新再构的 Si 原子有较强的相互作用,另外一部分 Si 二聚体依然保持完好。

另外,本章还对该表面的初始氧化情况进行了研究,在实验中观察到 4 种典型的氧化吸附位,理论计算结果证实有 3 种是单个氧分子的吸附,另外 1 种是双氧分子的吸附。Si 的二聚体及表面的 Sr 原子在初始氧化过程中扮演了非常重要的角色。

第 4 章　Sr/Si(100) −2 × '1' 再构表面及原子的动态移动

4.1　引　言

　　晶形氧化物 – 半导体异质结在磁学、铁电学和高温超导方面具有广泛的应用前景。这引起了人们的广泛关注，自从 1998 年 Mckee 等指出了 Sr 作为缓冲层在制备晶形氧化物 – 半导体上的重要作用后，人们对于这种缓冲层如何起到隔绝氧的作用进行了众多理论与实验方面的研究。

　　单层厚度的 $SrSi_2$ 相允许氧化物外延层与活性的半导体衬底之间存在热力学上稳定的转变，Sr 特别适合作为 Si/氧化物外延生长的缓冲界面，是因为 Sr 与 Si 的硅化反应是一种自终结的过程。

　　Mckee 等指出，要获得能实现外延生长氧化物的缓冲层，Sr/Si(100) −2 × 1 必须满足高温生长条件。他们认为室温下生长的 Sr/Si(100)结构不能用来作为氧化物生长的缓冲层。这使得人们一直以来都认为高温是生长缓冲层的必要条件。然而 Reiner 等通过反射高能电子衍射和理论计算证实，在高温退火形成 Sr/Si(100) −2 × 1 的过程中，Sr 原子会取代表面的 Si 二聚体，从而使第二层 Si 原子露出来并且形成与原来二聚体垂直的再构链，即再构方向由 2 × 1 转变为 1 × 2。他们还证实在高温(650 ℃)下与室温(25 ℃)下沉积金属 Sr 形成 Sr/Si(100) −2 × 1 再构表面后，两种表面都可以作为生长晶型氧化物(BaO, 5 单层厚度)的缓冲层，从而为人们在室温这种容易获得的条件下生长晶形氧化物 – 半导体结提供了重要的指导。

对于生长外延氧化物所需的缓冲层 Sr/Si(100)—2×1,其表面结构信息主要来自于大范围平均的能谱,例如,低能电子衍射(LEED)、光电子能谱(XPS)、X 射线驻波(XSW)及反射高能电子衍射(RHEED)等。以上这几种实验手段都能观察到 Sr/Si(100)—2×1 相的稳定存在。

Wei 等利用扫描隧道显微镜获取了原子尺度上的一定信息,如图 4.1 所示,从他们的 STM 图像(图 4.1b)中能够看到表面存在较多的缺陷,但由于没有表面原子像,因此无法给出原子结构模型。

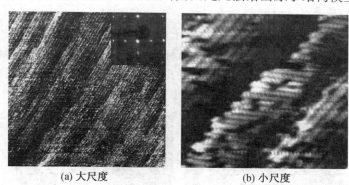

(a) 大尺度　　　　　　　　　　(b) 小尺度

图 4.1　Sr/Si(100)—2×1 再构表面的 STM 图像

总结前述的这些结果,注意到一个还没有澄清的问题:在这么多的文献中,对于这种 Sr/Si(100)—2×1 再构,实空间锶原子的详细排布及电子态变化情况并没有直接观察到;另外一个问题是表面上锶原子的覆盖度到底是 1/4 单层还是 1/2 单层依然没有定论。因此,笔者利用扫描隧道显微镜对该表面进行了深入研究。在给出清晰表面再构的基础上,观察到室温下该表面锶原子还存在一维运动的现象。通过仔细分析,对此种现象进行了相应的解释。

4.2　Sr / Si(100)—2×'1'表面的获得

利用 PLD 的方法在干净的 Si(100)—2×1 表面沉积 1 nm 左右的 SrO,然后在真空条件下(10^{-6} Pa)原位退火处理。在这个过程中,SrO 中的氧原子与 Si 结合形成气态氧化亚硅,Sr 原子在表面与衬底硅形成 Sr/Si(100) – 2 × '1' 再构。典型的退火温度在 550 ℃(红外测温仪测温)左右,退火时间控制在 20 min 以内。

4.3 实验主要结果及讨论

4.3.1 Sr/Si(100) –2 × '1' 表面的结构

图 4.2a 给出的是在实验中获得的 Sr/Si(100) – 2 × '1' 表面的大尺度 STM 图像,它和 Wei 等给出的图像相一致。在图 4.2b 的放大区域中可以看到在不同台面上存在明显的两种互相垂直的再构方向,与 Si(100)再构表面的两种台面的再构相互对应:一种再构链垂直于台阶,相邻的另外一种再构链平行于台阶,两种再构相互交错排列,再构方向分别为 $[0\bar{1}1]$ 和 $[01\bar{1}]$。

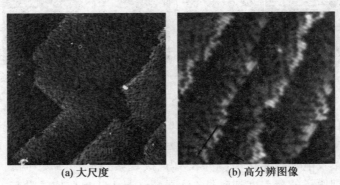

(a) 大尺度   (b) 高分辨图像

图 4.2   Sr/Si(100) –2 × '1' 再构表面的 STM 图像

在第 2 章中已经阐述了 SrO 沉积后高温退火的再构表面先是 Sr/Si(100) – 2 × '1',随着退火时间的延长,部分 Sr 原子从表面逃逸。Sr/Si(100) – 2 × '1' 与 Sr/Si(100) – 2 × 3 再构表面并存,这种 2 × '1' 与 2 × 3 相比其整齐程度相差较多。

STM 图像反映的是某一设定偏压下所有从费米面上电子态密度的积分的卷积。为了进一步观察该表面的空间电子态分布情况,图 4.3 给出的是实验中观察到的 Sr/Si(100) – 2 × '1' 再构表面随扫描样品偏压不同时的典型图像,第一排从左到右对应的偏压分别为-2.0 V,-1.5 V,-1.2 V;第二排从左到右对应的偏压分别为2.0 V,1.5 V,1.2 V。图像中右下部分是作为定位的 Sr/Si(100)-2×3 的再构。

从图4.3a~c 注意到,占据态的 STM 图像(-2.0 V,-1.5 V,-1.2 V)基本不随偏压变化,选取 Sr/Si(100)-2×3 共存的区域作为验证针尖状态的比较,在 Sr/Si(100)-2×'1'再构区域观察到大量的链状再构条纹,并且存在许多缺陷点,无法区分链内部的信息,得不到单个原子分辨图像。

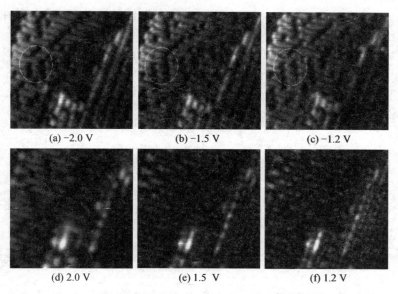

(a) -2.0 V　　　　　(b) -1.5 V　　　　　(c) -1.2 V

(d) 2.0 V　　　　　(e) 1.5 V　　　　　(f) 1.2 V

图4.3　同一片区域 Sr/Si(100)-2×'1'表面的偏压依赖性

然而当切换到空态时,发现该表面的 STM 图像随偏压不同具有明显的变化:

在图4.3d 所对应的较高空态偏压(2.0 V)时,此时的图像与占据态时的图像比较类似,基本由无法区分内部信息的模糊链组成;当空态的偏压降至1.5 V 时(图4.3e),可以看到原本在较高空态偏压和占据态时无法看清内部信息的原子链,此时基本上由单个原子组成;空态偏压进一步降低至 1.2 V(图 4.3f),在 2×'1'的再构区域,完全能够区分出单个原子,此时的 2×'1'表面显示是由非常清晰的单个原子组成,经过仔细分析,发现该表面上的这些原子排列并不是早期人们以为的 2×1,而是 c(2×4),这与干净 Si(100)−2×1 的 c(2×4)结构很相似,因此命名为 2×'1'。

以上的这些结果表明 Sr/Si(100)−2×'1'的 STM 图像存在明显的偏压依赖性。因此笔者更加关心该表面的电子态是什么情况。图 4.4 给出了获得的扫描隧道谱,从该谱中可以获得以下信息:

(1) Sr/Si(100)−2×'1'表面是半导体特性的,能隙宽度在 1.1 eV 左右。

(2) 费米面以下存在 3 个占据态,峰位分别在 −0.5 eV,−0.85 eV,−1.7 eV。

(3) 费米面以上存在 3 个空态,峰位分别在 0.9 eV,1.3 eV,1.8 eV。

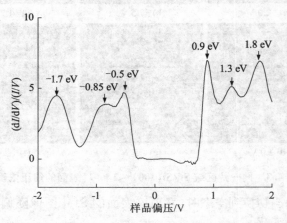

图 4.4　Sr/Si(100)−2×'1'表面典型的扫描隧道谱

与衬底的 Si(100)−2×1 电子态相比,可以发现 −1.7 eV 和 1.8 eV 对应的是硅原子的支撑键,而另外 4 个峰位和硅的悬挂键很接近。Reiner 等提出的结构模型中,衬底的表层硅原子依然以二聚体的形式存在,故此获得的表面电子态密度分布主要反映的是表层硅原子的信息。

从高分辨图 4.2b 相对于第 3 章中提到的 Sr/Si(100)-2×3再构表面可以发现,该种 Sr/Si(100)-2×'1'再构表面存在非常多的缺陷,经过统计发现空位的缺陷率在 1/5 左右[空位的面积占Sr/Si(100)-2×'1'统计表面面积的 1/5 左右],如图 4.5 所示。前人的文献中关于 Sr/Si(100)-2×'1'再构表面的覆盖度有两种结论:一种认为是 1/4 单层,另外一种认为是 1/2 单层。

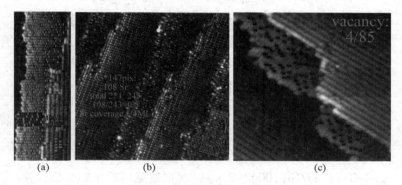

图 4.5　缺陷位数量统计图

低空态偏压时可以观察到原子像,因此统计了 Sr/Si(100)-2×'1'表面上的亮点个数,图 4.5 中给出了结果,发现表面的亮点占整个硅二聚体的比例在 1/2 左右,平均到表面原子数得出表面上锶原子的比例在 1/4 左右,这就支持现在的 Sr/Si(100)-2×'1'的金属原子覆盖度为 1/4 单层的结论。

根据以上的结果,在图 4.6 中提出了 Sr/Si(100)-2×'1'的结构模型,表面的锶原子覆盖度为 1/4 单层,且锶原子相对于衬底的排布为 c(2×4);表层的硅原子以二聚体的形式存在,由于锶原子与硅二聚体之间有电荷转移,此时的二聚体中两个硅原子高度一致。以上提出的结构模型主要参考 Reiner 的结构模型,另外在Sr/Si(100)-2×3 表面模型的理论计算中,注意到当 Sr 原子与衬底的 Si 发生明显的化学作用后,衬底的 Si 原子依然保持着二聚化的特性。但当 Sr 原子与 Si 二聚体发生电荷转移时,原本翘曲的 Si 二聚体会变得平起来。那些不与 Sr 原子发生相互作用的 Si 二聚体则保持初始的翘曲状态。从吸附能来看,沟槽位是最低的能量位,因此将 Sr 原子放在 Si 二聚体链形成的沟槽内。

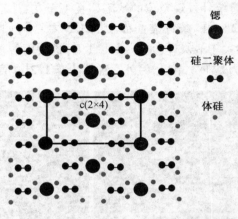

图 4.6　Sr/Si(100) -2×'1'结构模型图

4.3.2　Sr/Si(100) -2×'1'表面室温下原子的迁移现象

从图 4.3a ~ c 中注意到一些现象:在 Sr/Si(100) -2×'1'部分区域里存在一些扰动的痕迹,初始以为是针尖的变化或者是表面存在的一些吸附小分子随所加偏压的电场诱导移动形成的。于是采集了大量不同偏压下的连续图像。令人惊奇的是上述扰动现象依然存在,因此怀疑表面可能存在原子移动。通过仔细分析同一区域前后 40 幅不同偏压下的图像,终于确认上面观察到的是明显的原子移动现象。

通过前后图像及不同偏压的比较,可以发现这种原子的移动主要集中在同一个方向上,即沿着再构形成的链的方向即纵向移动,图 4.7 给出了连续 10 幅图作为证据。移动的主要表现,一是缺陷空位的频繁移动与组合,二是表面上一些亮点的快速转移。对于缺陷空位,在统计的图形中基本没有观察到横向的迁移;对于这些亮点,则存在二维移动现象。图 4.8 给出了空位迁移结构模型,用箭头标注了一种迁移方向,实际上空位可以沿着两个方向进行一维运动。

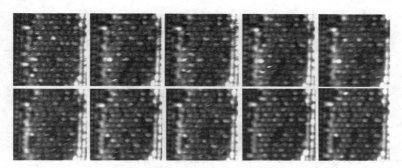

图 4.7　空态低偏压下 Sr/Si(100) – 2×'1'表面的原子移动

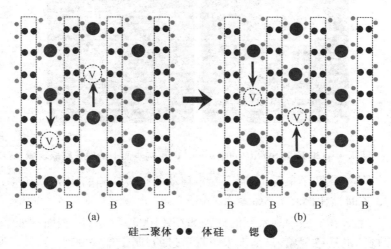

图 4.8　Sr/Si(100) – 2×'1'表面跳动机制的表面结构模型图
(Sr 原子主要沿着箭头所指的方向来回地跳动)

　　室温下 Sr 原子发生迁移的先决条件是必须存在足够的空位缺陷,这一点可以从 Sr/Si(100) – 2×'1'表面的大面积缺陷得到保证。第二点是 Sr 原子与衬底 Si 的作用力不能太强,室温下的热扰动足以克服 Sr 原子迁移的势垒,为了证实室温下的 Sr 原子迁移是一种本征的现象,在低温(130 K)下也进行了一系列的连续扫描,

图 4.9 给出了 4 幅连续图形,虚的圆标志出移动的原子处,从而证实了锶原子的移动确实存在。

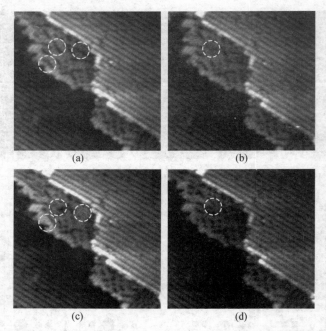

图 4.9　130 K 时 Sr/Si(100) – 2 × '1' 再构表面上的原子跳跃现象

从统计结果来看,室温下发生移动的空位缺陷的比例为 50%,130 K 时该比例降为 5% 左右。

笔者在实验中观察到的这种 Sr/Si(100) – 2 × '1' 表面的原子有规律的迁移现象,是前人未曾报道过的,属于首次发现。

以前对于 Sr/Si(100) – 2 × '1' 表面的探测主要采用的手段是 LEED,XPS,RHEED 等。这些实验手段主要给出的是大面积上的平均信息,不可能提供这种分子尺度上原子是否移动的信息。

最近 Kourlkoutis 等利用环形暗场扫描投射电镜(ADF-STEM)研究了 SrTiO₃ 在 Si(100)表面的初始生长过程,除了发现 SrTiO₃ 初始生长会有相分离的现象[表面存在 SrTiO₃ 的外延小岛和大面积的 Sr/Si(100) – 2 × '1' 再构表面],还注意到这些 Sr/Si(100) –

2×'1'表面抗辐射效果很差,在电子束的轰击下很快就被破坏掉了。然而他们并没有给出导致上述现象的原因。笔者认为有两种情况会导致上述现象的发生:① Sr/Si(100)–2×'1'表面的 Sr 原子与衬底 Si 原子的结合不够牢固;② Sr/Si(100)–2×'1'表面存在大量的空位缺陷,使得 Sr 原子能够借助缺陷在表面迅速迁移。带有一定能量的电子束作用在这种 Sr/Si(100)–2×'1'表面后,在室温下 Sr 原子已经具有的这种明显迁移性很快导致表面结构被破坏,这就间接证实了室温下 Sr/Si(100)–2×'1'表面的 Sr 原子与衬底 Si 之间的相互作用较弱。

4.4　结　论

本章通过高分辨 STM 观察了在氧化物外延生长中起到重要作用的缓冲层 Sr/Si(100)–2×'1'再构表面,并对其进行了深入的研究。研究发现室温下 Sr/Si(100)–2×'1'再构表面空态的图像具有典型的偏压依赖性。空态高偏压下观察到的模糊原子链,在低偏压状态下可以非常清楚地区分出原子结构。

特别的是,室温下该再构表面拥有大量的空位。以这些空位作为能量活化中心,其周围的 Sr 原子可以以这些空位为跳板,沿着原子再构链的方向进行频繁的原子移动。周围的 Si 二聚体链作为明显的势垒阻挡了 Sr 原子纵向迁移的可能性,使得 Sr 原子的迁移表现出一维运动的特性。

第5章 Sr/Si(111) –3×2 表面结构及原子迁移

5.1 引 言

金属原子在 Si(111) –7×7 表面的再构引起了人们的广泛关注,最为典型的有以下几类:

(1) 超导材料 Pb 在 Si(111) –7×7 表面上形成的外延膜,其丰富的物理性质对人们理解超导与半导体材料的相互作用起到非常积极的作用。

(2) 以 Au 和 Ag 为代表的重金属在 Si(111) –7×7 表面的沉积,通过不同的退火过程可具有非常复杂的再构表面,电子结构性质也异常丰富。

(3) 碱金属(Na, K 等)、稀土元素金属(Sm, Eu, Yb 等)、碱土金属(Mg, Ca, Ba 等)在 Si(111) –7×7 表面上形成的 3×1 再构,在理解强关联体系中有重要的作用,对于其再构模型人们提出了许多类型,然而还是不能完全理解相应的电子结构性质。

过去的十几年中,人们对于碱金属和碱土金属在 Si(111) 衬底上形成的 3×1 结构模型进行了大量的研究与争论。最为著名的几个模型是 560560[包含五元环与六元环通过沟道(Empty Channel)隔开的 Si 原子,金属原子占据在沟道位置上];双 π 成键链状结构模型(DπC)(包含两个 π 键的 Si 原子链按照层错 – 无层错通过金属原子连接起来);Honeycomb-Chain-Channel (HCC)模型,如图 5.1 所示。

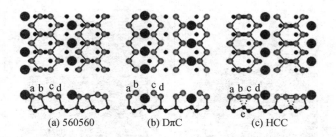

图5.1　碱金属诱导的 Si(111)－(3×1)再构的 3 种结构模型图

以上 3 种结构模型被用来解释碱金属原子诱导的 Si(111)－3×1 表面结构。在这 3 种模型中,HCC 模型被认为是最有可能的真实结构,此时的碱金属覆盖度为 1/3 单层,理论的图像模拟基本能重复出实验的结构,基于简单的电子计数方法可以很好地解释该表面的半导体特性。

对于碱土金属原子来说,根据 LEED 的图案,人们认为此时的再构也为(3×1)。此时的再构表面采用与碱金属相同的覆盖度(1/3 单层),利用电子计数可以知道此时表面会有多余的自由电子逸出来,因此表面应表现为金属特性,然而人们通过角分辨光电子谱(ARPES)发现该种表面为半导体而不是金属[图 5.2a,b 使用的光子能量分别为 21.2 eV 和 17 eV,沿[110]方向;图 5.2c 是沿[112]方向光子能量为 21.2 eV 的结果;图 5.2d 给出的是 Si(111)－1×1,3×1 和 3×2 的表面布里渊区分布],对于导致此种现象的原因,人们认为这里可能存在金属－绝缘体转变的皮尔斯相变现象。

Lee 等通过对高分辨的 STM 图像的观察及对 Ba 原子覆盖度的精确测量,认为碱土金属形成的再构表面单元是 3×2,而不是初始认为的 3×1,LEED 中之所以看到的是 3×1 图案,是因为表面上存在大量的缺陷,导致无法看到长程序的 3×2。他们通过精确测量 Ba 的覆盖度,确认此时的金属原子的覆盖度只有碱金属的 1/2,即 1/6 单层,这样通过电子计数,每一个 Si 原子的悬挂键都被金属原子的价电子饱和,从而使表面不存在自由电子。Lee 等的理论 STM 图像非常好地模拟出了实验的结果。

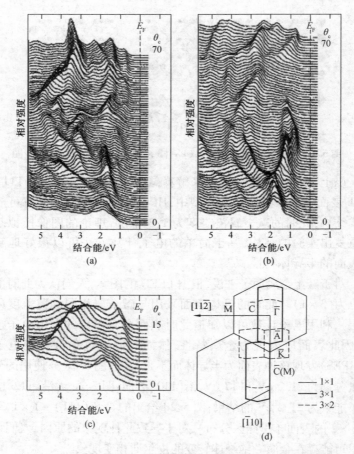

图 5.2 Ca/Si(111) - 3×2 表面角分辨光电子能谱的结果

在碱土金属元素中,Ba,Mg,Ca 的 Si(111) - 3×2 的表面结构已经基本确定为 HCC,对于 Sr 原子的情况,人们也给出了理论模拟的结果(利用 HCC 模型模拟,如图 5.3 所示,上部分为空态图像,下部分为占据态图像,从计算的结果来看,除了最轻的 Mg 原子外,其余的碱土金属原子最稳定的占据位为 HCC 结构中的 T₄ 位,Mg 原子稳定的占据位是 H₃ 位)。

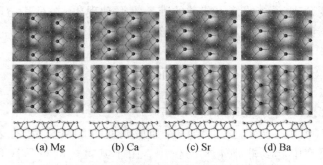

(a) Mg　　　(b) Ca　　　(c) Sr　　　(d) Ba

图 5.3　碱土金属理论计算的 STM 双偏压图像

除了上述理论图像外,Teys 等还通过扫描隧道显微镜发现在 Si(111)−3×2 表面存在旋转畴和反向畴的再构情况(图 5.4)。旋转畴存在于两种再构方向的边界处,而反向畴是由于在台面上锶原子再构沿着短的 ×2 方向存在半个单胞位移而形成的。

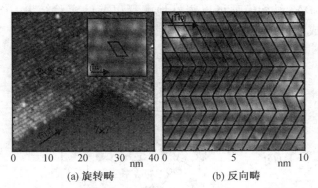

(a) 旋转畴　　　　　　(b) 反向畴

图 5.4　0.01 单层金属锶吸附后 700 ℃退火获得的 Sr/Si(111)−3×2 表面 STM 图像(扫描偏压 1.5 V,隧穿电流 0.02 nA)

人们也发现当存在 SrO 缓冲层时,在 Si(111)−7×7 衬底上也能外延生长高 k 氧化物 $SrTiO_3$。因此,清楚知道 Sr/Si(111)的再构情况,会进一步加深人们对碱土金属氧化物 - 半导体异质界面的物理性质的理解。

在本章中,借助高分辨的 STM 图像研究了 Sr/Si(111)−3×2 再构的几何和电子态特性,在室温下观察到该再构表面出现了不同长度 Sr 原子链的整体移动的准一维运动现象,并对其物理机制进行了详细的讨论,从而揭示了该表面室温图像的独特性。

5.2 Sr / Si(111)−3×2 表面的获得

5.2.1 衬底 Si(111)−7×7

Si(111)−7×7 表面结构作为最典型的 STM 样品,在表面科学的研究中起到非常重要的作用。由于其重构的特殊性和复杂性,早期关于 Si(111)−7×7 表面的结构一直存在很大的争议,直到发明 STM 的 G. Binnig 等用 STM 观察到 Si(111)−7×7 重构表面的实空间原子像后,才由 K. Takayanagi 等根据透射电子衍射和显微镜的实验结果提出了其表面重构的"Dimer-Adatom-Stacking Fault"(二聚体 − 吸附原子 − 层错,简称 DAS)结构模型,如图 5.5 所示。DAS 结构模型可以很好地解释以前的实验结果及 STM 图像,已成为现在公认的 Si(111)−7×7 表面重构模型。

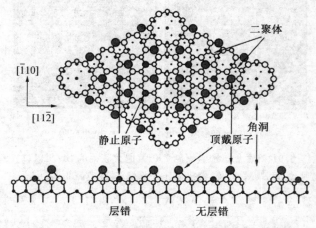

图 5.5 Si(111)−7×7 表面的 DAS 模型结构示意图

在 DAS 模型中,表面重构的一个平行四边形元胞(Unit Cell)由两个三角形的半元胞(Half Unit Cell, HUC)组成,其中一个半边的表面第二、三层 Si 原子与体内 Si 原子发生堆垛层错,称为层错半元胞(Faulted Half Unit Cell，FHUC)，另一个半边没有堆垛层错，称为无层错半元胞(Unfaulted Half Unit Cell，UHUC)。从图 5.5 中可以看到，表面第一层的原子相当稀疏，在每一个半元胞内各有 6 个，称为顶戴原子(Adatom)，分别被 3 个第二层 Si 原子支撑着并与它们形成强的 sp^3 杂化 σ 键，剩余一个悬挂键垂直指向真空。顶角处和两个顶角之间的顶戴原子分别被称为顶角顶戴原子(Corner Adatom)和中间顶戴原子(Center Adatom)。在一个 HUC 内的这 6 个顶戴原子的中间还有 3 个也带有悬挂键的第二层原子，称为静止原子(Rest Atom)。一个元胞的四个顶角处各有一个角洞(Corner Hole)，在两个元胞之间的连接边上各有 3 个 Si 原子二聚体(Dimer)。DAS 模型正是按照这一特殊重构表面的这些主要特征命名的。

从圆形 N 型 Si 片(美国 Virginia 半导体公司生产，电阻率为 7 ~ 10 Ω·cm，厚度为 500 μm)上切下所需的尺寸，一般为 10 mm × 3 mm。经过去离子水清洗、丙酮超声后，放入真空室，在 650 ℃ 以下去气 12 h 以上。然后通过瞬间高温闪蒸(Flash，1 150 ℃)的方式去除 Si 表面的原始氧化层，反复数次，最后一次闪蒸完成后在 850 ℃ 停留 1 ~ 5 min，然后缓慢降至室温，形成所需的 Si(111) － 7×7 再构表面。以上的闪蒸过程真空度需维持在 10^{-8} Pa 量级，通常可以获得缺陷率小于 1% 的表面。

5.2.2　Sr/Si(111) －3×2 表面的获得

利用 PLD 方法，在 Si(111) －7×7 衬底上室温沉积 1 nm 左右的 SrO，然后在 600 ℃ 左右真空退火 30 min，使 SrO 中的氧与 Si 形成气态的 SiO，从而形成 Sr/Si(111)再构表面。

当退火时间较短时，表面会存在氧化物与 Sr/Si(111)再构并存的情况(图 5.6)，图中那些絮状区域是氧化物形成的无定形状态。另外，相对位置较低且出现条纹的区域是再构的 Sr/Si(111)区域。除了大面积典型的(3×2)再构外，还能观察到(1×2)，(5×2)，(7×2)等再构出现(依据退火时间及 Sr 原子的覆盖度情况)。

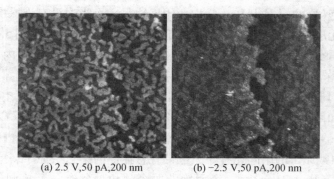

(a) 2.5 V,50 pA,200 nm   (b) −2.5 V,50 pA,200 nm

图 5.6   SrO 与 Sr/Si(111) 并存的同一个区域不同偏压下的 STM 图像

5.3   Sr／Si(111)−3×2 表面形貌及原子链的整体迁移

5.3.1   Sr/Si(111) −3×2 表面的典型形貌

图 5.7 给出了实验中获得的大尺度 Si(111) −3×2 图像及部分 Si(111) −7×7 共存图像。从大尺度图像(图 5.7a)中可以看出表面的再构非常完整,由均匀的再构线排列组成,除了这些整齐的再构线外,还能看到一定量的亮点缺陷,主要是真空腔内残余的气体分子和高温再构过程中形成的空位等。当表面的 Sr 原子覆盖度低于一定量(通过控制退火时间)时,可以形成 Si(111) −3×2 与 Si(111) −7×7 共存的区域(图 5.7b),由于 Si(111) −7×7 的表面结构是已知的,因此能够确认 Si(111) −3×2 的再构方向与 Si(111) −7×7 的三角形($[\bar{2}11][1\bar{2}1]$ $[11\bar{2}]$)的 3 个方向平行。

为了进一步观察 Sr/Si(111) −3×2 表面的图像特征,选择针尖状态稳定,在同一幅图像中改变扫描偏压。这样就可以排除针尖不稳定和温度漂移的影响,从而获取原位情况下的空态和填充态偏压图形。

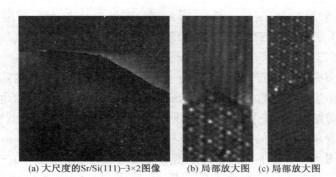

(a) 大尺度的Sr/Si(111)-3×2图像　　(b) 局部放大图　(c) 局部放大图

图 5.7　Sr/Si(111) −3×2 与 Si(111) −7×7 共存的再构

　　图 5.8 给出了原子分辨率的偏压依赖图。从该图中可以看到,在空态 1.5 V 的图形中,Sr/Si(111) −3×2 表面主要由单个圆的凸起构成,每两个圆点之间的距离正好是两个衬底 Si 原子的间距;在占据态 −1.5 V 的图形中,原本在空态下显示为凸起的地方变暗,出现对称的两列更小的条纹。仔细观察该图形,可以看出左边的一列呈现出上下原子准二聚化的趋势(图 5.8 中椭圆标注的这一列),右边的一列基本是分开的原子结构,没有二聚化的趋势。

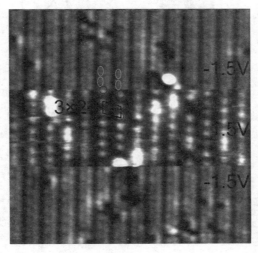

图 5.8　Sr/Si(111) −3×2 表面的偏压依赖图(±1.5 V,10 pA, 15 nm)

通过将实验图形与 Hong 等的理论图形相对比,可以看出 Sr/Si (111) −3 ×2 的 STM 图形很好地符合了 HCC 结果。

5.3.2　Sr/Si(111) −3×2 表面的电子结构

前面已经知道,Ba/Si(111) −3 ×2 表面的电流 − 电压曲线表明其是半导体特性。为了确认 Sr/Si(111) −3 ×2 表面是否也是半导体的结构,通过采集 $I-V$ 曲线,利用数字积分的方法给出特定位置的费米面附近的态密度信息。

图 5.9 给出了实验中的态密度分布情况,在 Sr/Si(111) −3 ×2 表面上总共选出两种典型的位置,在插图中标注为 A 位和 B 位。为了检验针尖状态的好坏,在同一幅图中给出 Si(111) −7 ×7 的电子态密度,图中两条空心箭头指出的是空态和填充态时对应的 Si 悬键在态密度上的能量位置(±0.3 V 左右)。可以看出,Si(111) − 7 ×7 表面是金属性的(费米面上的态密度不为 0)。进一步分析,可以从图 5.9 中明显看出 A 位和 B 位由于存在明显的跨越费米面的能隙,从而表现为典型的半导体特征。

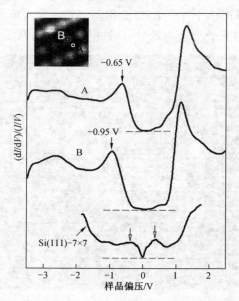

图 5.9　Sr/Si(111) −3 ×2 表面两种典型位置的电子结构

对于 A 位和 B 位来说,二者最明显的态密度差异表现在占据态,A 位的第一个峰位在 -0.65 eV,B 位的第一个峰位在 -0.95 eV。在 HCC 模型中,空态的亮点对应的是 Sr 原子的位置,在此处的电子结构中反映的就是 B 位的信息,从而可以得出再构后的表面中 Sr 原子贡献出两个价电子,因而相对于衬底的 Si 原子来说,占据态峰移了 0.3 eV。原本存在的 Si 悬键态由于接受了 Sr 提供的价电子而消失。

5.3.3　Sr/Si(111)-3×2 表面的结构模型

前面通过实验图形与理论结果的比较,可以初步认为 Sr/Si(111)-3×2 再构表面的几何结构亦可以用 HCC 模型来描述。图 5.10 给出了 HCC 模型的详细结构图,其中最为显著的是 Si-Si 双键(b-c)。在 Si 的干净表面人们很少观察到该种双键结构,然而碱土金属原子的存在使这种双键结构可以稳定存在。

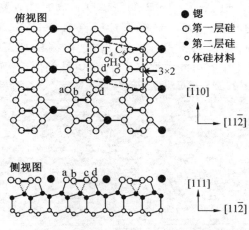

图 5.10　Sr/Si(111)-3×2 的结构模型图

在这种双键结构 Si 原子链的中间,会形成一个 Sr 原子可以占据的沟槽;根据理论计算图形与实验图形的对照,认为空态 1.5 V 时的图像亮点主要是 Sr 原子的信息。由于每一个 3×2 单胞里只有一个 Sr 原子,因此 STM 图像中显示的是分离的单个亮点。占据态 -1.5 V 时出现的两列较小原子链,反映的是再构衬底 Si 原子的信息。与碱金属诱导的 3×1 结构不同,碱土金属原子(Sr,Ba)

形成的 3×2 再构由于 Si 原子的位置并不完全等价,导致左边的 Si 原子(d 位 Si 原子)会出现准二聚化的现象。这在实验图形中也得到了证实。

另外,这种不等价情况在正负偏压切换的图形中表现为 Sr 原子形成的原子链更靠近准二聚化的 d 位 Si 原子链。

从图 5.10 中还可以看出,Sr 原子总共有 3 个可能的占据位,分别为 T_4,H_3 和 C_6 位。理论计算表明 T_4 位是能量最稳定的位置,Sr 原子在室温下最可能的占据位也应该是 T_4 位。可是由于样品是在 600 ℃ 以上的高温下退火获得的,在这么高的温度下,T_4,H_3 和 C_6 位对 Sr 原子来说都是可能的占据位置。

为了分析具体的占位情况,实验中使样品快速冷却至室温。在 STM 中观察到了大量的椭圆形亮点,如图 5.11 所示。这些亮点只有在形成 Sr/Si(111) -3×2 的覆盖度较高时才观察到,随着样品退火次数的增加,大部分的椭圆形亮点都会消失。这就意味着 Sr 原子较少时占据能量更稳定的是 T_4 位,但在 Sr 原子覆盖度较高时,部分 Sr 原子很有可能占据除了 T_4 位以外的位置,如 C_6 位。

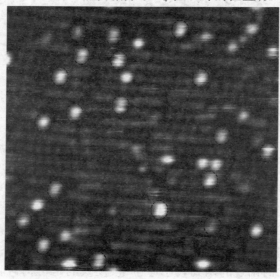

图 5.11　Sr/Si(111) -3×2 再构表面中的一种 Sr 的占据位——C_6 位

5.3.4　Sr 原子链的移动现象及机制

理论计算的结果显示,虽然 T_4 位是最稳定的吸附位,但在室温条件下,T_4 位和 H_3 位两者的差别并不是很大。室温下 Ba/Si(111) −3 ×2 模型中 H_3 位的能量只比 T_4 位高 0.01 eV/Ba,而在 Ca/Si(111) −3 ×2 模型中 H_3 位的能量比 T_4 位高 0.02 eV/Ca。虽然还没有详细的理论结果给出 Sr/Si(111) −3 ×2 中两个能量位置具体的差异大小,但考虑到 Sr,Ba 和 Ca 属于同一族并且 Sr 元素位于 Ba 和 Ca 之间,笔者认为对于 Sr/Si(111) −3 ×2 结构来说,H_3 位的总能应该比 T_4 位高 0.01 ～ 0.02 eV/Sr。室温下热激活能为 26 meV,与以上两种能量的差异比较接近,因此 Sr 原子很有可能在以上两个占据位之间来回跳动。

由于空态的 STM 图像反映出了金属原子信息,而占据态的图像给出的是衬底 Si 原子信息,为了检查室温下 Sr 原子是否可以来回跳动,采集了连续的空态图像。图 5.12 所示的就是最为典型的情况。

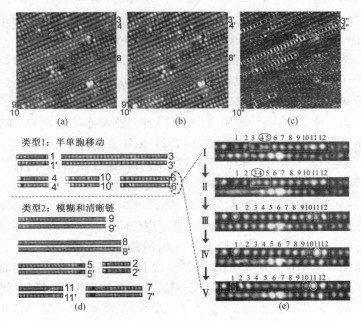

图 5.12　Sr/Si(111) −3 ×2 表面出现的原子链整齐跳跃现象

图 5.12a,b 是连续的两幅扫描图,两幅图采集时间间隔约 3 min,从两幅图中都可以看到存在许多模糊的链。图 5.12c 是两幅图相减后剩下的图形,箭头为相同的区域。如果室温下 Sr 原子不表现出跳动,那么图 5.12c 中就基本上没有对比明显的地方存在。从实验结果来看,图 5.12c 中能够明显观察到有几条原子链存在。这就表明室温时部分 Sr 原子表现出了来回跳动的现象。尤其让人惊讶的是,这种跳动不是表现在单个原子上,而是表现为原子链的跳动(最多可以几十个原子一起跳动)。由此可以确定空态的 STM 图像中无法分辨清晰的原子链的原因,正是由于 Sr 原子来回跳动,导致针尖无法给出清晰的原子图像。

根据 LEED 的观察结果,Sakamoto 认为 Ca/Si(111) – 3×2 再构在室温下由于热扰动,钙原子会沿着沟道在 T_4 和 H_3 位之间来回跳动,然而 Lee 等认为在 Ba/Si(111) – 3×2 结构中钡原子不可能沿着沟道在 T_4 和 H_3 位之间来回跳动,因为这二者之间存在 0.15 eV/Ba 的势垒高度。但实验结果表明,Sr/Si(111) – 3×2 再构中的 Sr 原子在室温下就会存在跳动迁移的现象。

为了进一步获取表面原子移动的情况,仔细分析了图 5.12a,b 中原子链的变化情况,发现表面的图像可以分为 3 类:

第一类,是无明显移动的清晰原子链。

第二类,是存在沿短胞方向(×2)相对移动半个周期的清晰原子链,即图 5.12a,b,d 中标注为 1,3,4,6,10 的原子链。

第三类,是清晰与模糊原子链之间的相互转化,典型代表是图 5.12a,b,d 中标注为 2,5,7,8,9,11 的原子链。

第二类特征最为明显,仔细观察图 5.12d 中的这些原子链,发现有两种缺陷存在:第一种是表面的原子空位缺陷(1,3,4,6,10 原子链都有);第二种是更加亮的原子(1,4,6,10 原子链能明显看到)。

图 5.12a,b 中是大面积的图像,为了获取这些变化原子链的移动规律,对 6#原子链进行了连续扫描,前后两幅图形的间隔时间为 500 s,图 5.12e 给出了结果。为了区分明显,将 6#原子链的亮点全部标记出来,分别命名为 1~12 位。

　　下面来看 6# 原子链的变化规律：

　　从图 I 到图 II,3,4,5 位这 3 个原子有变化,连在一起的 4,5 位亮点变为 3,4 位亮点,其余亮点无明显变化。到图 III 中,3,4,5 位的亮点全部分开,11 位亮点由大圆点变为窄条点,10 位亮点相对图 II 亮度增加。从图 III 到图 IV,窄条点由 11 位变为 10 位,到图 V 中,窄条点跑到了 1 位。另外,在图 V 中还能看到 4~9 位这 6 个亮点变暗且有明显展宽现象,并且 1~11 位的亮点向左发生了半个周期的平移。以上的这些变化表明,表面上这些反映锶原子的亮点确实发生了移动。

　　由于以上的 STM 图像单幅的获取时间为 500 s,且只能反映出表面原子移动与否,为了获取原子在多长时间里发生了移动,采集了表面发生跳动的位置的电流–时间(I–t)谱,如图 5.13 所示。

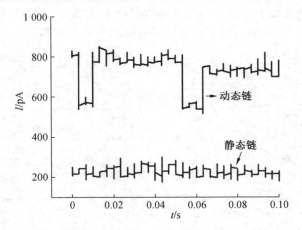

图 5.13　Sr/Si(111)−3×2 表面两种特征位置的典型
I–t 谱(谱的采集时间为 0.1 s)

　　从 I–t 谱中可以看到,动态变化位置的电流在 0.1 s 内发生了高低变化,电流存在两个值,分别在 550 pA 和 800 pA 左右,而作为对比图像中没有变化位置的电流在 0.1 s 的时间尺度内没有明显变化,因此可以算出动态变化位置处的原子跳动频率在 10 Hz 以上。

　　到现在为止,可以确认表面的锶原子发生了准一维的整体迁移现象。下面进一步分析迁移的机理。

前述的结构模型中，虽然 Lee 等计算出 T_4 位到 H_3 位的势垒较高，然而他们并没有给出在同一个单胞里面相同两个 T_4 位的跃迁势垒。T_4 位是 Sr 原子的最低占据位，两个 T_4 位具有相同的占据能量，室温下 Sr 原子会先沿着 T_4 位跃迁至 H_3 位，然后从 H_3 位再跳至另外的 T_4 位。出现这种情况要满足两个条件：第一，Sr/Si(111) – 3×2 表面存在一定量的金属空位，由于 Sr/Si(111) – 3×2 表面是通过高温退火处理获得的，在降到室温的过程中会出现一定的空位；第二，两个 Sr 原子占据同一个单胞里面的两个 T_4 位。

在图 5.12e 中已经观察到有窄条形亮点和更加突出的亮点存在，这就很好地支持了第二种条件的存在，即室温下 Sr 原子的迁移是由于两个 Sr 原子占据同一个单胞里面的两个 T_4 位。同时，STM 针尖的电场加上室温下的热扰动也促使了 Sr 原子沿着空位来回跳动。在图 5.14 中给出了发生原子移动的模型示意图。

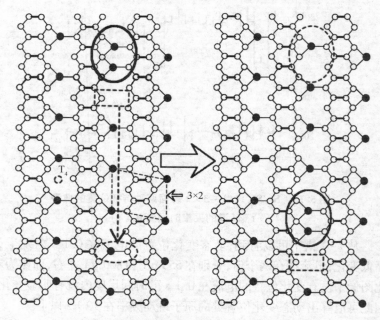

图 5.14　Sr 原子链室温下整体移动的结构示意图

室温下 Ba/Si(111) -3 ×2 再构表面的 LEED 图像显示出半序位置的条纹是由于原子链之间关联较差而造成的。Lee 等之所以在 STM 图像中未能观察到明显的钡原子跳跃,是因为他们的样品上存在大量的点缺陷。这些点缺陷使钡原子沿沟槽的跳动冻结。这一点与室温下干净 Si(100) -2 ×1 再构表面上 Si 二聚体的跳动表现类似:当 Si 二聚体相互之间没有缺陷存在时,整个表面的 Si 二聚体来回跳动,表现为高度一致的 2 ×1 再构。但当存在表面缺陷(如吸附水分子、遇到台阶等)时,这些位置周围的 Si 二聚体的跳动被缺陷阻止,从而表现出低温下的 c(4 ×2) 再构相。

Shafer 等认为 Ba/Si(111) -3 ×2 再构表面表现为 3 ×1 是由于原子链之间只在很短的距离相互作用。他们给出的计算结果显示,Ba/Si(111) -3 ×2 再构表面是由于高温下的原子跳动在室温下冻结,形成了该表面的无序性。但对于 Sr/Si(111) -3 ×2 再构表面来说,虽然也会出现无序状态,但这种无序应该是由室温下 Sr 原子的整体迁移造成的。而且 Sr 原子之间的这种室温下的集体迁移,正说明了该表面具备一维体系的特性。并且链与链之间的相互作用并不是很强。经常能观察到经过几个链之后原本排列好的 3 ×2 结构之间会出现明显的位移,位移距离大约为半个单胞周期,从而在局部表现为 6 ×2 结构,这是 Teys 等观察到的反向畴的来源。

在 Sr/Si(111) -3 ×2 表面上,双键 Si 原子形成原子链具备较高的势垒,使得 Sr 原子不可能沿着垂直于该原子链的方向移动,而只能沿着 Si 原子链形成的沟槽移动。

这种室温下的准一维移动现象在另外一种重要的再构表面 Au/Si(111) -5 ×2 中也被观察到,在该表面上 Kang 等发现了一维畴壁的存在及原子尺度的位错,不寻常的成对吸附原子是产生上述两种现象的原因(图 5.15)。除此之外,还可以观察到在 Au/Si(111) -5 ×2 表面上的原子移动同样是沿着硅原子形成的沟槽进行的。

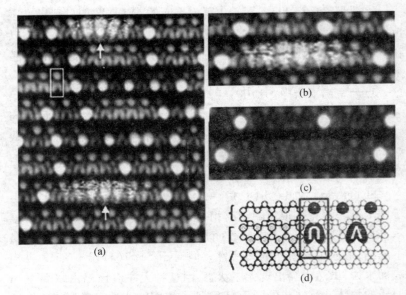

图 5.15　室温下 Au/Si(111) − 5 × 2 再构表面出现的动态跳动一维运动现象

5.4　结　论

　　本章利用高分辨的 STM 图像,仔细观察了 Sr/Si(111) − 3 × 2 表面的几何和电子结构特征。结果显示,HCC 模型可以描述 Sr/Si(111) − 3 × 2 再构的结构,并且该表面的电子态表现为明显的半导体特性。

　　尤其值得注意的是,实验中发现了室温下该表面的 Sr 原子会表现出整体迁移的现象,且该种迁移是沿着再构 Si 原子形成的沟槽进行的。经过同族对比和分析,可以认定室温下 Sr 原子的跳动是由两个 Sr 原子占据同一个单胞里面的两个 T_4 位造成的,再加上表面上原本存在的空位缺陷,使得该表面表现为准一维的特性。同时,这种频繁的一维移动现象也解释了 Sr/Si(111) − 3 × 2 再构表面在电子衍射谱上观察不到 × 2 点出现的原因。

第6章 TiSi$_2$/Si(100)纳米岛的STM研究

6.1 引 言

前面已经提及在 Si(100) 基底上生长出来的外延氧化物 SrTiO$_3$,其晶体取向一般为(100)方向。SrTiO$_3$ 单晶表面在不同的退火条件下会产生很多不同的再构表面,最为常见的包括 c(4×4),(2×2),($\sqrt{5}×\sqrt{5}$) – R26.6°(R 表示旋转),($\sqrt{13}×\sqrt{13}$) – R33.7° 等。以上这些都是在较厚的 SrTiO$_3$ 薄膜或单晶条件时取得的结果。

为了研究薄膜厚度较薄情况下的结果,Kourkoutis 在生长 SrTiO$_3$ 时采用了两种方案:第一种是在 700 ℃ 的高温 Si(100) – 2×1 衬底上沉积 1/2 单层金属 Sr,然后降至室温,在高的氧压下沉积 3 层 SrO 和 2 层 TiO$_2$,接着在真空条件下加热样品,通过拓扑反应(Topotactic Reaction)生成 SrTiO$_3$ 层;第二种是先沉积 1~2 层金属 Sr 来促使 SiO$_2$ 从 Si 表面逸出,接着在 700 ℃ 条件下真空退火形成与第一种方案相似的 Sr 覆盖度为 1/2 单层的 Si(100) – 2×1 模板,然后在 200~300 ℃ 条件下共同沉积金属 Sr 和 Ti,同时保持高的氧压,在形成 2 个外延单层厚度的 SrTiO$_3$ 后,降低氧分压,提升衬底温度至 700 ℃ 以增加膜的结晶性。

通过环形暗场扫描电镜的研究,Kourkoutis 等确认在 SrTiO$_3$ 初始生长时出现了相分离的现象,即只会形成 Sr/Si(100) – 2×1 与岛状 SrTiO$_3$ 共存的现象,不会形成完整的覆盖整个表面层的 SrTiO$_3$ 膜。

以上的研究结果给笔者提出了许多问题:

(1) 如果 Si 基 SrTiO$_3$ 外延生长初始阶段是这种岛状结构,则

ADF-STEM 虽然显示了 Si 与岛界面是外延生长的,但对于最外层表面结构和电子态并没有更多的研究。那么这些岛的表面采用的是何种结构,是不是类似体材料的再构,还是存在其他的再构情况? 若岛的大小只有几至十几纳米,量子尺寸效应已经很明显,会对它造成什么影响?

(2) 如果采用上述有较多缺陷的 Sr/Si(100) -2×1 再构表面作为生长 $SrTiO_3$ 的衬底,又会出现哪些现象?

(3) 该表面的电子态分布情况又是怎样的?

这些都是笔者关心的问题。下面将尝试解决这些问题,并着重研究退火处理后的 $SrTiO_3/Sr/Si(100)$ 表面会出现哪些典型现象。

6.2 实验过程与结果分析

6.2.1 实验过程

样品制备的主要过程如下:首先将购买的高纯(99.999%,Aldrich) $SrTiO_3$ 研磨成精细粉末,利用压靶机在 15 MPa 的压力下保压 1 h,然后在高温烧结炉(合肥科晶 KSL-1700X)中 1 300 ℃ 下烧结 24 h,经过烧结后形成致密的浅黄色 $SrTiO_3$ 陶瓷靶(靶的 XRD图见图 6.1)。

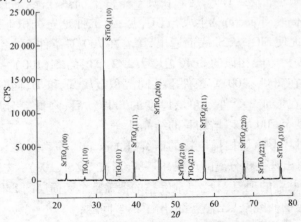

图 6.1 $SrTiO_3$ 多晶陶瓷靶的 XRD 图谱

从 XRD 结果可以看出该陶瓷靶最高峰是 SrTiO$_3$(110)面,与自然状态下最稳定的(110)能量面一致,在该靶材中还观察到有一定的 TiO$_2$ 相出现,这就相当于富钛的靶材。

利用第 2 章所述方法制备出典型 Sr/Si(100)-2×1 再构表面,然后利用脉冲激光沉积方法在室温下生长 1 nm 左右的 SrTiO$_3$ 非晶膜,原位 600 ℃退火处理 20 min 以上,使表面出现再构。

6.2.2 结果分析

(1)退火时间较短的样品

这种样品会出现如图 6.2 所示的中间状态图形,从图 6.2a,b 中可以看出大尺度的表面由层状台面组成,且台面上分布着许多点,在空态偏压下看着不平的表面在填充态的图像中看着平整许多,放大到中间尺度的来看,空态的台面表现出一定的有序度,非常类似于前面第 2 章 SrO/Si(100)高温退火的中间状态图形,表明在 SrTiO$_3$ 沉积过程中原来的 Sr/Si(100)-2×1 表面出现了氧化,在后面再退火的过程中,该样品重新出现了再构。

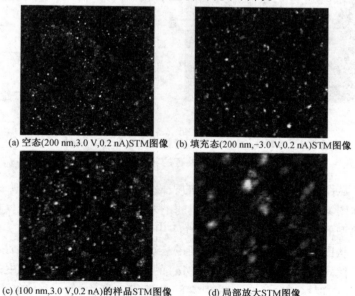

(a) 空态(200 nm,3.0 V,0.2 nA)STM图像　(b) 填充态(200 nm,-3.0 V,0.2 nA)STM图像

(c) (100 nm,3.0 V,0.2 nA)的样品STM图像　(d) 局部放大STM图像

图 6.2　退火中间状态的 SrTiO$_3$/Sr/Si(100)样品

从图 6.2 中可以看出，台面实际上是由分离的点组成的，在图 6.2c 上看起来沿着台面存在一定的有序性[分别为平行和垂直于台阶方向，与 Si(100)－2×1 的 Si 二聚体方向类似]。

（2）退火时间较长的样品

当退火时间延长到出现明显再构时，显示出如图 6.3 所示的情况：大面积 Sr/Si(100)－2×1 再构与一些直径为 10 nm 左右的纳米岛共存。除了 2×1 外，其余区域为 Sr/Si(100)－2×3 再构表面；依赖于退火时间的长短，Sr/Si 再构的变化情况：初始时是大面积 Sr/Si(100)－2×1 与小的纳米岛共存，后来出现 Sr/Si(100)－2×3 与 Sr/Si(100)－2×1 和纳米岛共存，再退火会形成 Sr/Si(100)－2×3 与纳米岛共存。

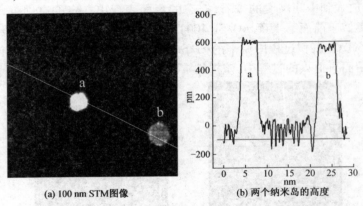

(a) 100 nm STM图像　　　　(b) 两个纳米岛的高度

图 6.3　SrTiO$_3$/Sr/Si(100)薄膜退火后 Sr/Si(100)－2×1 与纳米岛共存的典型图像

从图 6.3 中能隐约看到岛的表面在空态下出现一些类似三角形的图案，为此挑选出一个典型的纳米岛做了一系列的偏压实验，其典型的几个偏压图展示在图 6.4 中。

从图 6.4 中可以看到，该岛的表面存在很强的偏压依赖性：空态高偏压(2.5 V)下表面(图 6.4a)的图像基本由三角形的图案构成，仔细观察这些三角形发现它们是类似三聚物(Trimer)的结构，在一个三角形图案中出现 3 个亮点，用小圆在图中表示这个三聚物；随着偏压的降低，三角形逐渐变得模糊，在 0.9 V 左右时表面图像（图 6.4b）显示的是类似紧密堆的原子结构；偏压再降低至 0.5 V，图像（图 6.4c）又发生了变化，原本三聚体亮的位置变暗淡，周围变亮，且能观察到以这些三聚体为中心的 6 个大点。占据态时表面的 STM 图像（图 6.4d）为正常的密堆积结构，没有观察到三聚物的出现。这些不同的偏压依赖图像使得笔者更加关心这些不同位置的电子态到底有何种差异，为此选取两个典型位置获取其电子结构，图 6.5 给出了获得的结果。

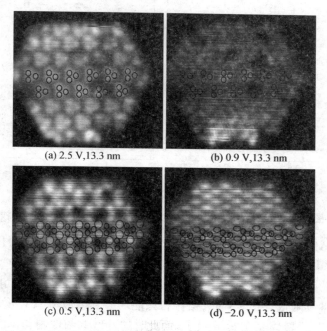

(a) 2.5 V,13.3 nm　　　　　　　　(b) 0.9 V,13.3 nm

(c) 0.5 V,13.3 nm　　　　　　　　(d) −2.0 V,13.3 nm

图 6.4　SrTiO$_3$/Si(100)退火处理后表面纳米岛的典型偏压图

从图 6.5 的 I-V 曲线中能够明显看出该岛两个典型位置处（分别定义为 A,B）的电子结构为金属性。从 dI/dV-V 曲线中可以看出，在占据态时，表面上两种典型位置处的态密度分布情况基本一致，都在 −1.32 V 处存在电子态，只是态密度强度有一定的差异，故此在 STM 图像上表现为亮和暗，并且占据态的图形随偏压没有明显差异;而空态下这两者的态密度差异很明显,B 位有一明显的 0.56 V 电子态存在,A 位则没有,这就可以解释为什么空态时不同位置的图像会随偏压变化。为了更加深入地观察表面电子态在空间的分布情况,利用 dI/dV 成像技术观察在不同的能量下纳米岛的表面态密度分布信息。图 6.6 给出了获得的典型 dI/dV 图像 (调制电压, 733 Hz, 20 mV)。

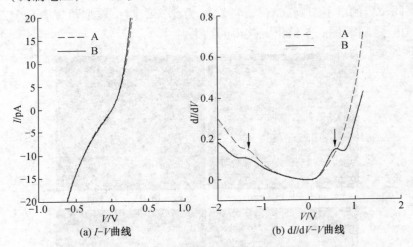

(a) I–V 曲线　　　　(b) dI/dV–V曲线

图 6.5　纳米岛两种典型位置电子态的 $I-V$ 和 $dI/dV-V$ 曲线

从图 6.6 中可以看出,在三聚体最为清晰的 2.5 V 拓扑图对应的 dI/dV 图像中基本没有什么对比度,空态偏压降低至 2.0 V 时拓扑像的三聚体变得模糊不清而 dI/dV 图像中出现蜂窝状六角图像,偏压继续降低至 0.9 V 时,拓扑像只能观察到类似单原子形成的密堆结构,三聚体完全看不到了,而此时的 dI/dV 图像则与 2.5 V 时的拓扑像非常相似,由于已经知道该岛是金属特性的,故继续降低偏压至 0.6 V,此时的拓扑像和 2.5 V 时的差异更大,图像中有类似二聚体的亮点,并且这些亮点的位置相对于 2.5 V 时的图像明显互换,在 dI/dV 图中则观察到单个亮点形成的六角图案,这表明空态时不同能量处的局域态密度在空间分布上有明显不同;占据态的拓扑图不像空态时有这么大的变化, -1.0 V 和 -2.0 V 拓扑像基本一致,在高偏压 −2.0 V 的 dI/dV 图中观察不到有明显对比度的图案,在 −1.0 V 的 dI/dV 图中则能观察到和拓扑像很相似的密堆图案,这些占据态时的拓扑图和 dI/dV 图说明占据态的电子态密度在等能面上是扩展的,不像填充态那么局域化。

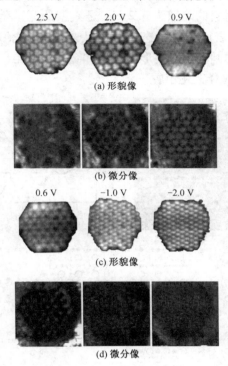

图 6.6　纳米岛 6 种典型偏压下的 STM 形貌像与 dI/dV 图像(微分像)

6.3　纳米岛产生的原因

依据前人报道的结果,如果能实现 Si(100)衬底上外延生长 SrTiO$_3$,则这些氧化物是(100)再构取向的。对于单晶 SrTiO$_3$(100)表面来说,除了已经观察到的矩形结构的 c(4×4),(2×2)等再构外,还出现过一种 c(4×2)的结构(图 6.7),这种结构和现在观察到的纳米岛的填充态图像比较接近。从单胞大小来看,Jiang 等观察到的 $c(4 \times 2)$ 为 0.8 nm ×0.9 nm(菱形单元),而笔者在占据态观察到的 STM 图像中的单胞为 1.66 nm ×0.95 nm(矩形单元),二者的尺寸很接近。如果仅对比占据态图像,则这些岛可能是 $SrTiO_3$,其体材料的能隙为 3.2 eV,是典型的宽禁带半导体,室温下单晶 $SrTiO_3$ 表面的电子态密度中从来没有观察到金属性的出现。因此,考虑到空态三角形的图案和金属性的电子态,氧化物的 $SrTiO_3$ 岛难以解释上述矛盾。

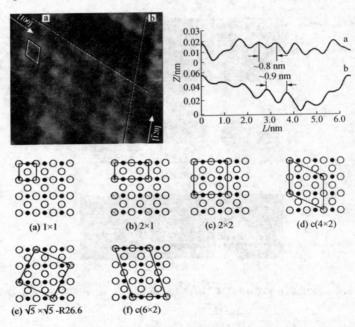

图 6.7　单晶 $SrTiO_3$ 表面的再构模型[最上面两幅是 $c(4 \times 2)$ 结构的 STM 图及相应的单胞尺寸]

为此考虑下列可能的来源:

已经知道初始沉积的 $SrTiO_3$ 薄膜中总共存在 3 种元素,即 Sr,Ti 和 O,在前几章中已经提到,高温退火过程中,SrO 中的氧会和界面中的 Si 形成气态的 SiO 从表面逸出,从而形成不同的 Sr/Si 再构。在赵凤周等的文章中,注意到他们生长 C$_{54}$-TiSi$_2$ 纳米岛采用的初始条件是用 PLD 的方法沉积 TiO$_2$ 膜(膜厚 0.5 nm),然后高温退火(850 ℃),退火过程中 TiO$_2$ 中的氧与界面层的 Si 同样会形成气态的 SiO 从表面逸出。考虑到在 SrTiO$_3$ 沉积时使用的是室温衬底,并且膜厚在 1.0 nm 左右,此时形成的是非晶状的 SrTiO$_3$ 超薄膜,在这层非晶膜中由于钛富集,而后又进行了高温退火,可以想象的是,平均厚度仅为 2 个单层左右的 SrTiO$_3$ 中的氧很可能发生下面两种界面反应:

$$SrO + 3Si \rightarrow SiO(s) \uparrow + SrSi_2$$
$$TiO_2 + 4Si \rightarrow 2SiO(s) \uparrow + TiSi_2$$

虽然生长的衬底是 Sr/Si(100) −2×1 表面,在前面已经发现该表面存在大量的表面缺陷,室温下表面的 Sr 原子具有明显的一维移动性,沉积过程中显然会有部分 Ti 原子与裸露出来的 Si 原子作用生成 TiSi$_2$ 成核中心,在高温退火处理过程中,表面一两层的原子移动较频繁,很快就会在这些成核中心周围形成 TiSi$_2$ 纳米岛。

SrSi$_2$ 与 Si(100) 会形成很好的外延型界面,故此能够形成很大的再构表面,而 TiSi$_2$ 由于与衬底存在较大的晶格失配度,在这种只有一两层厚度时可以生长成较小尺度的外延纳米岛。TiSi$_2$ 存在两种典型的相:一种是晶格近似正方的 C$_{49}$-TiSi$_2$(图 6.8a);另一种是六角排布的 C$_{54}$-TiSi$_2$(图 6.8b)。在纳米岛 STM 图像中,笔者观察到大量的六角图案,这与六方结构的 C$_{54}$-TiSi$_2$ 很接近。

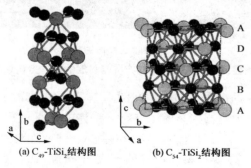

(a) C$_{49}$-TiSi$_2$结构图   (b) C$_{54}$-TiSi$_2$结构图

图 6.8 TiSi$_2$ 两种不同的几何结构

对于干净的 Si(100)衬底来说,600 ℃左右的退火温度下形成的是 C_{49} 结构的 $TiSi_2$,然而由于笔者沉积的是 1 nm 左右的$SrTiO_3$,作为亚稳态的 C_{49} 结构并不能稳定存在,所以生成的是稳定的 C_{54}-$TiSi_2$ 结构的纳米岛。

在 C_{54}-$TiSi_2$ 结构中,每一个 Ti 原子与周围的 6 个最近邻 Si 原子成键,而每一个 Si 原子与 3 个最近邻的 Ti 原子成键,其晶胞的参数分别为 $a = 0.826$ nm, $b = 0.480$ nm, $c = 0.855$ nm。在获取的高分辨填充态图像中,两个亮点之间的最小间距是 0.95 nm(是 C_{54}-$TiSi_2$ 中 b 的 2 倍左右),而空态形成的两个三聚体之间的最小间距是 1.44 nm(由图 6.9 推出,是 C_{54}-$TiSi_2$ 中 b 的 3 倍)。

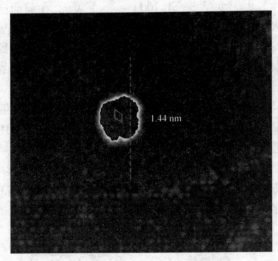

图 6.9　空态时三聚体的单胞长度
(虚线显示岛的三角形再构方向与衬底的再构方向相平行)

因此,根据占据态的图像在图 6.10 中给出推测的再构表面结构图,图中最大的圆为高偏压空态三聚体的亮点位置,椭圆为空态低偏压下的亮点中心位置,较小的圆为占据态的亮点中心位置。空态时的图像主要由不同位置的 Si 原子贡献,而在占据态时主要反映的是 Ti 原子的信息。

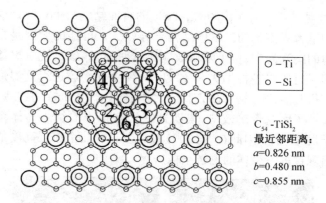

○ – Ti

○ – Si

C_{54}-TiSi$_2$
最近邻距离：
a=0.826 nm
b=0.480 nm
c=0.855 nm

图 6.10　SiTi$_2$ 纳米岛的表面结构图

晶面指数为 (hkl) 的晶面间距 d_{hkl} 可以用下式求得：

$$d_{hkl} = \frac{a}{\sqrt{h^2 + k^2 + l^2}} \tag{6.1}$$

对于 Si(100) 来说，晶格常数为 $a = 0.543$ nm，其垂直于 (100) 面的晶面分别为 $(0\bar{1}1)$ 和 (011)，所以两个等晶面的面间距为 $d_{011} = 0.384$ Å，赵凤周的计算结果显示，对于 C_{54}-TiSi$_2$ 来说，(111) 晶面组的晶面间距为 0.373 3 nm，(110) 晶面间距为 0.415 nm，(004) 晶面间距为 0.213 75 nm，可以认为 C_{54}-TiSi$_2$ 纳米岛下面的衬底是 Si(100) – 1×1 结构，而不再是 (2×1)。这样二者的二维晶格失配度为

$$f_{111} = (0.384 - 0.373\ 3)/0.373\ 3 = 2.8\% \tag{6.2}$$

$$f_{110} = (0.384 - 0.415)/0.415 = -7.5\% \tag{6.3}$$

由以上的计算结果可以看出，C_{54}-TiSi$_2$ 与 Si(100) 之间的晶格失配度较大，只能在较低覆盖度下以岛的形式实现外延的生长。形成的这种 C_{54}-TiSi$_2$ 纳米岛和 Si 衬底存在欧姆接触，因此表现出明显的金属特性。

在 Medeiros 等报道的 C_{54}-TiSi$_2$/Si(100) 纳米岛的表面结构中，只能看到矩形的原子排列形式，像笔者在空态下观察到的三聚体结构他们的模型中也没有提出来。在 C_{54}-TiSi$_2$/Si(111) 体系中，

Tong 等观察到了大面积的 C_{54}-TiSi$_2$ 的台面结构（图 6.11），这种结构也和笔者观察到的三聚体结构差异较大。可能的原因是在这种非常薄的纳米岛中，量子限域效应比较明显，导致出现三聚体的电子结构。赵凤周等将 $TiO_2/Si(111)-7×7$ 超薄膜进行高温退火处理后获得 C_{54}-TiSi$_2$ 纳米岛，对于尺寸较小（ <10 nm）的这些岛，他们观察到了库仑台阶效应，表明这些尺度很小的纳米岛体系存在着量子尺寸效应，因此在 Si(100) 衬底上只有几个单层高度的纳米岛会出现这种三聚体的电子结构。

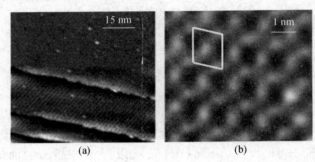

(a)　　　　　　　(b)

图 6.11　Si(111) 衬底上生长的 C_{54}-TiSi$_2$ 台面 STM 图像
（单胞大小为 0.85 nm × 1.0 nm，钝角 65°）

在前人的实验中，大多数硅基制备 SrTiO$_3$ 薄膜的过程中都通入了足够的氧气，在高的氧分压条件下，氧原子极易与衬底表面的硅原子发生反应，从而在界面处形成无序的氧化硅结构。为了防止氧化层的出现，本实验薄膜沉积过程中并未通入氧气，因此造成薄膜中形成大量氧空位的情况，最终导致衬底硅原子与钛原子发生反应，形成了 TiSi$_2$ 纳米岛结构。从前面几章已经知道，锶原子与衬底硅的结合并不牢固，在退火过程中 SrTiO$_3$ 薄膜的锶会从表面消失。

实验中发现硅衬底上直接生长 SrTiO$_3$ 薄膜，经过退火后，会出现两种不同结构的 TiSi$_2$ 纳米岛，这是由退火温度表面差异形成的，退火时采用直流加热，会在硅片表面形成天然的热场分布，靠近中心区域的硅片温度较高，靠近电极附近的硅片温度较低，C_{49}-TiSi$_2$ 向

C$_{52}$-TiSi$_2$ 转变温度仅在 650 ℃ 左右,在实验中不同表面区域出现了不同结构的 TiSi$_2$ 纳米岛。

6.4 结 论

本章通过室温下在 Sr/Si(100) – 2 × 1 表面上沉积 1.0 nm 左右厚的 SrTiO$_3$ 非晶膜,高温退火后获得了 1 ~ 2 层厚的 TiSi$_2$ 纳米岛。这些纳米岛表面显示出明显的金属性。其空态 STM 图像具有典型的偏压依赖性:在高偏压下 STM 图像由三聚物形成的单胞构成,在低偏压下 STM 图像显示为密堆积的图案。

通过分析不同能量处电子态密度的 dI/dV 图像,认为高偏压下的图像显示的是 Si 原子的信息,低偏压下的空态及填充态图像显示的是 Ti 原子的信息。

总的来说,室温沉积无定形的 SrTiO$_3$ 在 Sr/Si(100) – 2 × 1 表面上时,并不能获得外延型有完整再构的 SrTiO$_3$ 单晶膜。需要在以后的进一步实验中改变生长条件,比如通入一定的氧气,沉积过程中衬底保持一定的温度,通过减少表层 Si 与 Ti 原子的直接接触来实现氧化物 SrTiO$_3$ 在 Si 衬底上的外延生长。

第7章　总结及展望

7.1　主要结论

7.1.1　3 种表面再构的分析比较

在 Si(100) 衬底上, 不同的退火处理可以得到 Sr/Si(100) – 2 × '1' 和 Sr/Si(100) – 2 × 3 两种典型再构。在 Si(111) 衬底上观察到了 Sr/Si(111) – 3 × 2 典型再构。3 种再构表面都表现为半导体特性。

对于 Sr/Si(100) – 2 × '1' 和 Sr/Si(100) – 2 × 3 两种表面, 二者虽然都出现了 STM 形貌随偏压变化的现象, 但前者只能在特定偏压下观察到原子分辨率的图像, 其余偏压下只能看到有大量空位缺陷的模糊原子链; 后者则具有整齐的原子分辨率图像, 且表面缺陷很少。

对于 Sr/Si(111) – 3 × 2 表面, 从 STM 图像上能观察到清晰与模糊的原子链, 从清晰的原子链确认该表面可以用 HCC 结构模型来描述。

7.1.2　几种新现象的发现与解释

(1) 在 SrO/Si 向 Sr/Si 表面转化过程中, 观察到非晶 – 晶化的中间态的存在, 进一步通过原位研究证实 SrO/Si 变成 Sr/Si 存在两个典型的过程, 在形成 Sr/Si 再构的过程中观察到表面存在大量气体逸出留下的暗槽, 且在此之前的高温表面表现出明显的金属特性。

(2) 通过 STM 图像, 观察到 Sr/Si(100) – 2 × 3 表面的再构方

110

向与衬底的硅二聚体垂直的现象。利用高分辨扫描隧道谱和理论模拟证实,在形成该再构表面的过程中,衬底硅原子发生了重排现象,锶原子与硅原子之间发生了电荷的转移形成稳定的 2×3 结构,此时表层的硅原子依然以二聚体形式存在。

(3) 通过亚单层氧分子在 Sr/Si(100) – 2×3 的表面吸附,观察到 4 种典型的吸附状态,其中 3 种对应单个氧分子的吸附,另外 1 种对应双氧分子吸附。单氧分子吸附位表现为半导体特性,双氧分子吸附位由于原子有较大重排表现出金属特性。

(4) 在室温 STM 图像中,观察到 Sr/Si(100) – $2 \times$ '1' 表面存在典型的原子迁移现象,并且该迁移沿着一维方向进行,即锶原子只能沿着硅二聚体链形成的沟道移动,硅二聚体链及台阶作为势垒妨碍了锶原子沿垂直方向运动的可能性,该表面上存在的大量空位缺陷、STM 电场和室温的热扰动提供了锶原子运动的能量。

(5) 室温下,观察到 Sr/Si(111) – 3×2 与 Sr/Si(100) – $2 \times$ '1' 表面有相似的一维原子移动现象,差异在于 Sr/Si(111) – 3×2 表面存在双键的硅二聚体,这些二聚体同样形成沟道,锶原子在这些沟道里进行一维运动,表面存在的空位缺陷和室温热扰动,再加上 STM 的电场提供了锶原子移动的能量。

(6) 以 Sr/Si(100) – $2 \times$ '1' 作为衬底,通过退火室温下沉积的 $SrTiO_3$ 超薄膜,获得几纳米大小的纳米岛与 Sr/Si(100) – $2 \times$ '1' 共存的表面,该纳米岛的 STM 图像具有非常明显的偏压依赖性,空态高偏压图像观察到三聚体的现象,空态低偏压和占据态图像显示该纳米岛的图形为密排结构,结合高分辨 dI/dV 图像,认为该纳米岛为 $SiTi_2$ 结构,不同的偏压图像分别反映 Si 和 Ti 原子的信息。

7.2　展　望

(1) 对于 Sr/Si(100) – $2 \times$ '1' 表面与氧作用的机制需要进一步深化理解,利用低温 STM 冻结表面锶原子的移动,观察低氧暴露条件下表面会出现哪些特征,理解该表面氧化过程的机制。

（2）在现有的 Sr/Si（100）– 2 × '1'缓冲层存在时,室温下为什么生长不出 $SrTiO_3$,其本质机理是什么? 通过改进生长方法实现 $SrTiO_3$ 的外延生长,并制备出有序结构存在的表面,在半导体 – 金属氧化物的体系上,利用 STM 研究 H_2O,O_2 等小分子的催化降解机理。迄今为止,还未见到通过控制外延 $SrTiO_3$ 表面的极性结构,比如分别控制形成 SrO 终结表面或者 TiO_2 终结表面,如果能可控制备上述两种再构表面,将极大促进硅基表面氧化物的催化研究,为未来的能源催化降解奠定物理基础。

（3）在制备出硅基外延 $SrTiO_3$ 薄膜的基础上,利用其高的绝缘特性,把 STO 作为薄膜晶体管中的栅极氧化物层,再利用磁控溅射和分子束外延等技术开发出基于高介电氧化物的非晶 IGZO 薄膜晶体管、$BaSnO_3$ 单晶薄膜晶体管等,为下一阶段高场效应迁移率的 FET 在高性能显示器特别是柔性衬底上的开发应用奠定物理机制基础。

参考文献

[1] 赵爱迪. 分子尺度量子态探测与调控的扫描隧道显微学研究 [D]. 合肥: 中国科学技术大学, 2006.

[2] 赵风周. 激光熔蒸制备纳米结构和扫描探针显微术研究 [D]. 合肥: 中国科学技术大学, 2005.

[3] McKee R A, Walker F J, Chisholm M F. Crystalline oxides on silicon: The first five monolayers [J]. Physical Review Letters, 1998, 81 (14):3014.

[4] Kingon A I, Maria J P, Streiffer S K. Alternative dielectrics to silicon dioxide for memory and logic devices [J]. Nature, 2000, 406:6799.

[5] Clemens J F, Christopher R A, Karlheinz S, et al. The interface between silicon and a high-k oxide [J]. Nature, 2004, 427:6969.

[6] Reiner J W, Garrity K F, Walker F J, et al. Role of strontium in oxide epitaxy on silicon (001) [J]. Physical Review Letters, 2008, 101:105503

[7] Kourkoutis L F, Hellberg C S, Vaithyanathan V S, et al. Imaging the phase separation in atomically thin buried SrTiO$_3$ layers by electron channeling [J]. Physical Review Letters, 2008, 100:036101.

[8] Dubois M, Perdigão L, Delerue C, et al. Scanning tunneling microscopy and spectroscopy of reconstructed Si(100) surfaces [J]. Physical Review B, 2005, 71 (16):165322.

[9] Nagaoka K, Comstock M J, Hammack A, et al. Observation of spatially inhomogeneous electronic structure of Si(100) using scanning tunneling spectroscopy [J]. Physical Review B, 2005, 71 (12):121304.

[10] Chung C H, Yeom H W, Yu B D, et al. Oxidation of step edges on Si(001) − c(4 × 2) [J]. Physical Review Letters, 2006, 97 (3):036103.

[11] Liang Y, Gan S, Engelhard M. First step towards the growth of single-crystal oxides on Si: Formation of a two-dimensional crystalline silicate on Si(001) [J]. Applied Physics Letters, 2001, 79 (22):3521.

[12] Lettieri J, Haeni J H, Schlom D G. Critical issues in the heteroepitaxial growth of alkaline-earth oxides on silicon [J]. Journal of Vacuum Science and Technology A, 2002, 20 (4): 1332.

[13] Wei Y, Hu X M, Liang Y, et al. Mechanism of cleaning Si(100) surface using Sr or SrO for the growth of crystalline SrTiO$_3$ films [J]. Journal of Vacuum Science and Technology B, 2002, 20:1402.

[14] Delhaye G, El Kazzi M, Gendryl M, et al. Hetero-epitaxy of SrTiO$_3$ on Si and control of the interface [J]. Thin Solid Films, 2007, 515:6332 − 6336.

[15] Collazo-Davila C, Grozea D, Marksl L D. Determination and refinement of the Ag/Si(111) − (3 × 1) surface structure [J]. Physical Review Letters, 1998, 80 (8):1678.

[16] Yeom H W. Electronic structures of the Si(001)2 × 3 − Ag surface [J]. Physical Review B, 1998, 57 (7):3949.

[17] Saranin A A, Zotov A V, Ryzhkov S V, et al. Si(100)2 × 3 − Na surface phase: Formation and atomic arrangement [J]. Physical Review B, 1998, 58 (8):4972.

[18] Fan W C, Wu N J, Ignatiev A. Observation of ordered struc-
tures of Sr on the Si(100) surface [J]. Physical Review B,
1990, 42 (2):1254.

[19] Yeom H W, Abukawa T, Nakamuraet M, et al. Direct deter-
mination of In-dimer orientation of Si(001) 2 ×3 – In and 2 ×
2 – In surfaces [J]. Surface Science, 1995, 340 (1 – 2):
983 – 987.

[20] Bakhtizin R Z, Kishimoto J, Hashizume T, et al. Scanning
tunneling microscopy of Sr adsorption on the Si(100) – 2 × 1
surface [J]. Journal of Vacuum Science and Technology B,
1996, 14 (2): 1000 – 1004.

[21] Urano T, Tamiya K, Ojima K, et al. Adsorption structure of
Ba on an Si(001) – (2 × 1) surface [J]. Surface Science,
1996, 358 (1 – 3):459 – 463.

[22] Hu X M, Peterson C A, Sarid D, et al. Phases of Ba adsorp-
tion on Si(100) – (2 × 1) studied by LEED and AES [J].
Surface Science, 1999, 426 (1):69 – 74.

[23] Hu X, Yao X, Peterson C A, et al. The (3 ×2) phase of Ba
adsorption on Si(001) – 2 × 1 [J]. Surface Science, 2000,
445 (2 – 3):256 – 266.

[24] Hu X M, Yu Z, Curless J A, et al. Comparative study of Sr
and Ba adsorption on Si(100) [J]. Applied Surface Science,
2001, 181 (1 – 2):103 – 110.

[25] Ojima K, Yoshimura M, Ueda K. Structural and electronic
properties of barium silicide on Si(100) [J]. Jpn. J. Appl.
Phys. , Part 1, 2002, 41 (7B):4965.

[26] Cho E S, Lee C H, Hwang C C, et al. High-resolution core-
level photoelectron spectroscopy of Mg/Si(100) surfaces [J].
Surface Science, 2003, 523 (1 – 2):30 – 36.

[27] Goodner D M, Marasco D L, Escuadro A A, et al. X-ray

standing wave study of the Sr/Si(001) – (2 ×3) surface [J].
Surface Science, 2003, 547 (1 – 2):19 – 26.

[28] Kuzmin M, Perl R E, Laukkanen P, et al. Initial stages of
Yb/Si(100) interface growth: 2 ×3 and 2 ×6 reconstructions
[J]. Applied Surface Science, 2003, 214 (1 – 4):196 – 207.

[29] Kuzmin M, Perälä R E, Laukkanen P,et al. Atomic geometry
and electronic structure of the Si(100)2 ×3 – Eu surface phase
[J]. Physical Review B, 2005, 72 (8):085343.

[30] Bakhtizin R Z, Kishimoto J, Hashizume T, et al. Scanning
tunneling microscopy of Sr adsorption on the Si(100) – 2 ×1
surface [J]. Journal of Vacuum Science and Technology B,
1996, 14:1000.

[31] Bakhtizin R Z, Kishimoto J, Hashizume T, et al. STM study
of Sr adsorption on Si(100) surface [J]. Applied Surface Sci-
ence, 1996, 94 (5):478 – 484.

[32] Herrera-Gómez A, Aguirre-Tostado F S, Sun Y, et al. Photo-
emission from the Sr/Si(001) interface [J]. Journal of Ap-
plied Physics, 2001, 90:6010 – 6012.

[33] Goodner D M, Marasco D L, Escuadro A A, et al. X-ray
standing wave investigation of submonolayer barium and stronti-
um surface phases on Si (001) [J]. Physical Review B,
2005, 71:165402.

[34] Ashman C R, Först C J, Schwarz K,et al. First-principles cal-
culations of strontium on Si(001) [J]. Physical Review B,
2004, 69 (7):075309.

[35] Cahill D G, Avouris P. Si ejection and regrowth during the ini-
tial stage of Si(001) oxidation [J]. Applied Physics Letters,
1992, 60 (3):326.

[36] Udagawa M, Umetani Y, Tanaka H. The initial stages of the
oxidation of Si(100) – 2 ×1 studied by STM [J]. Ultramicro-

scopy, 1992:42 – 44.

[37] Trenhaile B R, Agrawal A, Weaver J H. Oxygen atoms on Si(100) – (2 × 1): Imaging with scanning tunneling microscopy [J]. Applied Physics Letters, 2006, 89 (15):151917.

[38] Hemeryck A, Mayne A J, Richard N, et al. Difficulty for oxygen to incorporate into the silicon network during initial O_2 oxidation of Si(100) – (2 × 1) [J]. Journal of Chemical Physics, 2007, 126 (11):114707.

[39] Yu B D, Kim H, Chung C H, et al. Ab initio study of the oxidation on vicinal Si(001) surfaces: The step-selective oxidation [J]. Physical Review B, 2007, 76:115317.

[40] Yu B, Kim Y, Jeon J, et al. Ab initio study of incorporation of O_2 molecules into Si(001) surfaces: Oxidation by Si ejection [J]. Physical Review B, 2004, 70:033307.

[41] Vanderbilt D. Soft self-consistent pseudopotentials in a generalized eigenvalue formalism [J]. Physical Review B, 1990, 41 (11):7892 – 7895.

[42] Perdew J P, Wang Y. Accurate and simple analytic representation of the electron-gas correlation energy [J]. Physical Review B, 1992, 45 (23):13244 – 13249.

[43] Ojima K, Yoshimura M, Ueda K. Observation of the Si(100) "1 × 2" – Ba surface by scanning tunneling microscopy [J]. Physical Review B, 2002, 65 (7):075408.

[44] Kang P G, Jeong H, Yeom H W. Hopping domain wall induced by paired adatoms on an atomic wire: Si(111) – (5 × 2) – Au [J]. Physical Review Letters, 2008, 100(14):146103.

[45] Zhou Y H, Wu Q H, Zhou C J, et al. Au-induced charge redistribution on Si(111) – 7 × 7 surface [J]. Surface Science, 2008, 602 (2):638 – 643.

[46] Kubo O, Saranin A A, Zotov A V, et al. Mg-induced Si(111) –

(3 ×2) reconstruction studied by scanning tunneling microscopy [J]. Surface Science, 1998, 415 (1 – 2): 971 – 975.

[47] Lottermoser L, Landemark E, Smilgies D M, et al. New bonding configuration on Si(111) and Ge(111) surfaces induced by the adsorption of alkali metals [J]. Physical Review Letters, 1998, 80 (18):3980.

[48] Baski A A, Erwin S C, Turner M S, et al. Morphology and electronic structure of the Ca/Si(111) system [J]. Surface Science, 2001, 476 (1 – 2):22 – 34.

[49] Lee G, Hong S, Kim H, et al. Structure of the Ba-induced Si (111) – (3 ×2) reconstruction [J]. Physical Review Letters, 2001, 87: 056104.

[50] Gallus O, Pillo T, Starowicz P, et al. Honeycomb chain-channel (HCC) signature in the calcium-induced Si(111) – (3 ×2) surface [J]. Europhysics Letters, 2002, 60 (6): 903 – 909.

[51] Hong S, Kim H, Lee G, et al. First-principles study of atomic and electronic structure of Ba/Si(111) [J]. Journal of the Physical Society of Japan, 2002, 71 (11):2761.

[52] Petrovykh D Y, Altmann K N, Lin J L, et al. Single domain Ca-induced reconstruction on vicinal Si(111) [J]. Surface Science, 2002, 512 (3):269 – 280.

[53] Lee G, Hong S, Kim H, et al. Atomic structure of the Ba-induced Si(111) – 3 × 2 reconstruction studied by LEED, STM, and ab initio calculations [J]. Physical Review B, 2003, 68: 115314.

[54] Schäfer J, Erwin S C, Hansmann M, et al. Random registry shifts in quasi-one-dimensional adsorbate systems [J]. Physical Review B, 2003, 67 (8):085411.

[55] Ehret E, Palmino F, Mansour L, et al. Sm-induced recon-

structions on Si(111) surface [J]. Surface Science, 2004, 569 (1 - 3):23 - 32.

[56] Erwin S C, Hellberg C S. Phase transition at finite temperature in one dimension: Adsorbate ordering in Ba/Si(111)3 × 2 [J]. Surface Science, 2005, 585 (3):171 - 176.

[57] Gurnett M, Gustafsson J B, Holleboom L J, et al. Core-level spectroscopy study of the Li/Si(111) - 3 × 1, Na/Si(111) - 3 × 1, and K/Si(111) - 3 × 1 surfaces [J]. Physical Review B(Condensed Matter and Materials Physics), 2005, 71 (19): 195408.

[58] Kurata S, Yokoyama T. Interchain coupling of degenerated quasi-one-dimensional indium chains on Si(111) [J]. Physical Review B, 2005, 71 (12):121306.

[59] Kuzmin M, Laukkanen P, Peraelae R E, et al. Atomic structure of the Eu/Si(111) 3 × 2, 5 × 1, and 7 × 1 surfaces studied by photoelectron spectroscopy [J]. Physical Review B, 2005, 71 (15):155334.

[60] Taichi O, Ki-Seok A, Ayumi H, et al. Structural analysis of Ba-induced surface reconstruction on Si(111) by means of core-level photoemission [J]. Physical Review B, 2005, 71 (8):058317.

[61] Sakamoto K, Eriksson P E J, Pick A, et al. Surface electronic structures of the Eu-induced Si(111) - (3 × 2) and - (2 × 1) reconstructions [J]. Physical Review B, 2005, 72 (4): 045310.

[62] Hong S, LEE G, Kim H, et al. Theoretical STM images of alkaline-earth metal adsorbed Si(111)3 × 2 surfaces [J]. Surface Science, 2006, 600 (18):3606 - 3609.

[63] Eames C, Probert M I J, Tear S P. Quantitative LEED $I - V$ and ab initio study of the Si(111) - 3 × 2 - Sm surface struc-

ture and the missing half-order spots in the 3 × 1 diffraction pattern [J]. Physical Review B, 2007, 75 (20):205402.

[64] Kuzmin M, Schulte K, Laukkanen P, et al. Atomic and electronic structure of the Yb/Ge(111) – (3 ×2) surface studied by high-resolution photoelectron spectroscopy [J]. Physical Review B, 2007, 75 (16):165305.

[65] Lee D, Lee G, Kim S, et al. Room-temperature growth of Mg on Si(111): Stepwise versus continuous deposition [J]. Journal of Physics-Condensed Matter, 2007, 19 (26):266004.

[66] Kim N D, Kang T S, Je J H, et al. X-ray scattering for the atomic structure of a barium-induced Si(111) − 3 ×2 surface [J]. Applied Physics A: Materials Science & Processing, 2008, 91 (1):53 – 57.

[67] Schäfer J, Erwin S C, Hansmann M, et al. Random registry shifts in quasi-one-dimensional adsorbate systems [J]. Physical Review B, 2003, 67 (8):085411.

[68] Chambers S A, Liang Y, Yu Z, et al. Band discontinuities at epitaxial $SrTiO_3$/Si(001) heterojunctions [J]. Applied Physics Letters, 2000, 77 (11):1662.

[69] Chambers S A, Liang Y, Yu Z, et al. Band offset and structure of $SrTiO_3$/Si(001) heterojunctions [J]. Journal of Vacuum Science and Technology A, 2001, 19 (3):934.

[70] Yang G Y, Finder J M, Wang J, et al. Study of microstructure in $SrTiO_3$/Si by high-resolution transmission electron microscopy [J]. Journal of Materials Research, 2002, 17 (1):204 – 213.

[71] Bhuiyan M N K, Matsuda A, Yasumura T, et al. Study of epitaxial $SrTiO_3$(STO) thin films grown on Si(001) − 2 ×1 substrates by molecular beam epitaxy [J]. Applied Surface Science, 2003, 216 (1 – 4):590 – 595.

［72］ Hu X M, Li H, Liang Y, et al. The interface of epitaxial SrTiO$_3$ on silicon: In situ and ex situ studies ［J］. Applied Physics Letters, 2003, 82 (2):203.

［73］ Špankova M, Chromik Š, Sedlá cková K, et al. The influence of SrTiO$_3$/Si interface treatment by Sr and Ti on structural properties of SrTiO$_3$ thin films ［J］. Solid State Chemistry V, 2003: 589 – 594.

［74］ Bhuiyan M N K, Kimura H, Tambo T, et al. Growth temperature dependence of SrTiO$_3$ thin films by molecular beam epitaxy ［J］. Jpn. J. Appl. Phys., Part 1, 2005, 44 (1B):677 – 680.

［75］ Hiroaki K, Toyokazu T, Chiei T. Growth of SrTiO$_3$ films on Si(001) – Sr(2 × 1) surfaces ［J］. Applied Surface Science, 2005, 249 (1 –4):419 –424.

［76］ Hao J H, Gao J, Wang Z, et al. Interface structure and phase of epitaxial SrTiO$_3$(110) thin films grown directly on silicon ［J］. Applied Physics Letters, 2005, 87 (13):131908.

［77］ Marchiori C, Sousa M, Guiller A, et al. Thermal stability of the SrTiO$_3$/(Ba,Sr)O stacks epitaxially grown on Si ［J］. Applied Physics Letters, 2006, 88 (7):072913.

［78］ Norga G J, Marchiori C, Rossel C, et al. Solid phase epitaxy of SrTiO$_3$ on (Ba, Sr) O/Si(100): The relationship between oxygen stoichiometry and interface stability ［J］. Journal of Applied Physics, 2006, 99 (8):084102.

［79］ Kubo T, Nozoye H. Surface structure of SrTiO$_3$(100) – (5 × 5) – R26.6° ［J］. Physical Review Letters, 2001, 86: 1801.

［80］ Deak D S, Silly F, Newell D T, et al. Ordering of TiO$_2$-based nanostructures on SrTiO$_3$(001) surfaces ［J］. Journal of Physical Chemistry B, 2006, 110:9246 – 9251.

［81］ Zhao F Z, Wang B, Cui X F, et al. Buckle delamination of textured TiO$_2$ thin films on mica [J]. Thin Solid Films, 2005, 489 (1 –2):221 –228.

[82] Zhao F Z, Cui X F, Wang B, et al. Preparation and characterization of C54TiSi$_2$ nanoislands on Si (111) by laser deposition of TiO$_2$ [J]. Applied Surface Science, 2006, 253 (5): 2785 –2791.

[83] Han G F, Du W H, An B L, et al. Nitrogen doped cuprous oxide as low cost hole-transporting material for perovskite solar cells [J]. Scripta Materialia,2018, 153: 104 –108.

[84] Du W H, Yang J J, Zhao Y, et al. Preparation of ZnS by magnetron sputtering and its buffer effect on the preferential orientation growth of ITO thin film [J]. Micro & Nano Letters, 2018, 13 (4):506.

[85] Yang J J, Fang Q Q, Du W H, et al. High mobility ultrathin ZnO p – n homojunction modulated by Zn$_{0.85}$Mg$_{0.15}$O quantum barriers [J]. Chinese Physics B, 2018, 27: 037804.

[86] Du W H,Yang J J. Tip-induced band bending on Sr/Si(100) – 2 × 3 reconstructed surface [J]. AIP Advances, 2017, 7: 125124.

[87] Du W H, Yang J J, Xiong C, et al. Preferential orientation growth of ITO thin film on quartz substrate with ZnO buffer layer by magnetron sputtering technique [J]. International Journal of Modern Physics B, 2017, 31:1744065.

[88] Du W H, Yang J J, Zhao Y, et al. Effects of Mg doping content and annealing temperature on the structural properties of Zn$_{1-x}$Mg$_x$O thin films prepared by radio-frequency magnetron sputtering [J]. Optoelectronics Letters, 2017, 13(1):42 – 45.

[89] Du W H, Yang J J. One-dimensional diffusion of Sr atoms on Sr/Si(111) – 3 × 2 reconstruction surface [J]. Surface

Science, 2016, 653:222 –225.

[90] Yang J J, Fang Q Q, Wang D D, et al. The ZnO p – n homo-junctions modulated by ZnMgO barriers [J]. Advances in Physics, 2015, 5(4):047104.

[91] Yang J J, Du W H. One-dimensional diffusion of vacancies on an Sr/Si(100) – c(2 × 4) surface [J]. Chinese Physics B, 2013, 22(6):485 –488.

[92] Du W H, Wang B, Xu L, et al. Identifying atomic geometry and electronic structure of (2 × 3) – Sr/Si(100) surface and its initial oxidation [J]. The Journal of Chemical Physics, 2008, 129:164707.

[93] 杨景景,杜文汉. Sr/Si(100)表面 $TiSi_2$ 纳米岛的扫描隧道显微镜研究[J]. 物理学报,2011,60(3):604 –609.

[94] 邱云飞,杜文汉,王兵. Sr/Si 界面沉积 $SrTiO_3$ 初始生长阶段的扫描遂道显微术研究[J]. 物理学报,2011,60(3):500 –508.

[95] 杜文汉. SrO/Si(100)表面去氧过程的研究[J]. 物理学报,2010,59(5):3357 –3361.